高 等 学 校 教 材

# 太阳能利用

TAIYANGNENG
LIYONG

张立珆 编

 化学工业出版社
·北京·

## 内 容 简 介

本书从太阳能利用的基本理论出发，主要介绍太阳辐射的计算方法、各种常用太阳能集热器、太阳能热利用、太阳能光伏发电、太阳光照明及相变材料储热技术，其中太阳能热利用技术包括太阳能热水系统、太阳能暖房、太阳能制冷、太阳能热发电、太阳能海水淡化、太阳能干燥、太阳灶和太阳能温室等方面。

本书可作为能源与动力等专业本科及研究生的教材，也可作为太阳能利用领域科技工作者的参考书或企业相关人员的培训教材。

**图书在版编目（CIP）数据**

太阳能利用/张立琋编. —北京：化学工业出版社，2022.4

ISBN 978-7-122-41480-9

Ⅰ.①太…　Ⅱ.①张…　Ⅲ.①太阳能利用-教材

Ⅳ.①TK519

中国版本图书馆 CIP 数据核字（2022）第 085910 号

---

责任编辑：提　岩　姜　磊　　　　　文字编辑：邢苗苗　陈小滔
责任校对：杜杏然　　　　　　　　　装帧设计：李子姮

---

出版发行：化学工业出版社（北京市东城区青年湖南街 13 号　邮政编码 100011）
印　　装：三河市延风印装有限公司
787mm×1092mm　1/16　印张 10½　字数 268 千字　2022 年 5 月北京第 1 版第 1 次印刷

---

购书咨询：010-64518888　　　　　　售后服务：010-64518899
网　　址：http://www.cip.com.cn
凡购买本书，如有缺损质量问题，本社销售中心负责调换。

---

定　价：38.00 元

# 前言

　　碳排放与所使用的能源种类及其加工方式密切相关。二氧化碳过度排放导致全球变暖，因此降低碳排放是人类的共同目标。近年来，我国在碳减排方面成效显著，2019 年碳排放强度比 2005 年下降 48.1％。2020 年我国提出力争在 2030 年前实现"碳达峰"，争取 2060 年前实现"碳中和"的目标，碳减排迎来历史性的转折。未来数十年，大力发展和利用可再生能源势在必行。太阳能作为可再生能源的重要组成部分，也将迎来新的发展时期。

　　随着我国太阳能应用领域的不断扩展和相关产业的快速发展，出版一本能够比较全面地介绍太阳能利用原理和新技术的专业教材就显得十分必要。

　　本书是作者根据常年从事太阳能利用方面的教学与科研经验，结合太阳能利用新技术的发展，参考大量相关著作和文献编写而成的。全书图文并茂，简洁易懂，从太阳能利用的基本理论出发，对太阳能光热和光电利用技术进行了较为全面的介绍。全书共分 7 章，主要内容包括：能源的分类，太阳能的利用现状与发展趋势；太阳辐射的基本概念和计算方法；常用集热器的结构、特点及应用，集热性能的分析及测量方法；太阳能热利用的主要技术，包括太阳能热水系统、太阳能暖房、太阳能制冷、太阳能热发电、太阳能海水淡化、太阳能干燥、太阳灶和太阳能温室等；太阳能光伏发电的原理、部件、系统及应用；太阳光照明；不同类型相变材料的储热性能、相变材料强化传热及相变材料在太阳能利用中的应用等。

　　由于编者水平和时间所限，书中不足之处在所难免，敬请读者批评指正！

编者

**2022 年 1 月**

# 目录

## 028 | 第 3 章　太阳能集热器

# 099 第 5 章　太阳能光伏发电

# 118 第 6 章　太阳光照明

# 124 | 第 7 章　相变材料储热

# 136 | 附录

# 第1章
# 绪 论

## 1.1 能源及其分类

### 1.1.1 能源

能源是指人类用来获取能量的自然资源，人类的生存和社会经济发展都离不开能源。随着世界经济的发展和人口的不断增加，人们对能源的消费需求也逐年增加，但传统化石能源的储量却不断减少。化石燃料的大量燃烧使得地球逐渐变暖，极端气象灾害增加，大气、水源和土壤污染日益严重。因此，人类迫切需要调整现有的能源消费结构，更多地使用清洁可再生能源。

《世界能源统计年鉴2021》的数据显示，2020年全球一次能源消费总量为$556.63\times10^{18}$J，较上一年下降了4.5%。与此形成对比的是，2020年能源市场以风能、太阳能为首的可再生能源保持继续增长势头，其中太阳能发电装机量增长127GW，风能发电装机量增长111GW，超过以往任何一年，比历史峰值高出50%。2020年可再生能源在总发电量中的占比从10.3%增长至11.7%，煤炭发电的占比下降1.3%，达到35.1%。尽管如此，2020年在全球能源消费结构中石油仍占据榜首，各种能源消费的占比分别为：石油31.2%，煤炭27.2%，天然气24.7%，水能6.9%，可再生能源5.7%，核能4.3%，即化石能源在全球能源消费结构中的总占比仍高达83.1%。预计到2023年，全球可再生能源用量将增加20%，在能源结构中的占比将达到12.4%，其中可再生能源发电量将占世界发电总量的30%。

我国是世界可再生能源消费增长的最大贡献者。2020年中国可再生能源消费增长占全球可再生能源消费增长的三分之一。中国水电、风电及太阳能发电累计装机规模均位居世界首位。2019年，中国碳排放强度比2005年降低48.1%，提前实现了2015年提出的到2020年碳排放强度下降40%~45%的目标。2020年9月，我国郑重提出"二氧化碳排放力争于2030年前达到峰值，努力争取2060年前实现碳中和"的目标。可以预见，未来几十年我国可再生能源将得到更加快速的发展。

各种常用化石能源的折合标准煤系数及碳排放系数见表1-1（数据来源于《中国能源统计年鉴2005》）。

表 1-1　各种常用化石能源的折合标准煤系数及碳排放系数

| 能源名称 | 平均低位发热量 | 折合标准煤系数 | 单位热值含碳量/(t/TJ) | 碳氧化率 | 二氧化碳排放系数 |
| --- | --- | --- | --- | --- | --- |
| 原煤 | 20908kJ/kg | 0.7143kgce/kg | 26.37 | 0.94 | 1.9003kg-$CO_2$/kg |
| 焦炭 | 28435kJ/kg | 0.9714kgce/kg | 29.5 | 0.93 | 2.8604kg-$CO_2$/kg |

续表

| 能源名称 | 平均低位发热量 | 折合标准煤系数 | 单位热值含碳量/(t/TJ) | 碳氧化率 | 二氧化碳排放系数 |
|---|---|---|---|---|---|
| 原油 | 41816kJ/kg | 1.4286kgce/kg | 20.1 | 0.98 | 3.0202kg-CO$_2$/kg |
| 燃料油 | 41816kJ/kg | 1.4286kgce/kg | 21.1 | 0.98 | 3.1705kg-CO$_2$/kg |
| 汽油 | 43070kJ/kg | 1.4714kgce/kg | 18.9 | 0.98 | 2.9251kg-CO$_2$/kg |
| 煤油 | 43070kJ/kg | 1.4714kgce/kg | 19.5 | 0.98 | 3.0179kg-CO$_2$/kg |
| 柴油 | 42652kJ/kg | 1.4571kgce/kg | 20.2 | 0.98 | 3.0959kg-CO$_2$/kg |
| 液化石油气 | 50179kJ/kg | 1.7143kgce/kg | 17.2 | 0.98 | 3.1013kg-CO$_2$/kg |
| 炼厂干气 | 46055kJ/kg | 1.5714kgce/kg | 18.2 | 0.98 | 3.0119kg-CO$_2$/kg |
| 油田天然气 | 38931kJ/m$^3$ | 1.3300kgce/m$^3$ | 15.3 | 0.99 | 2.1622kg-CO$_2$/m$^3$ |

注：1. kgce 是指千克标准煤。

2. kg-CO$_2$ 是指千克二氧化碳。

### 1.1.2  能源的分类

能源种类繁多，也有多种分类方式，主要分类方式如下。

（1）按照能源的来源分类

① 来自地球以外天体的能量。来自地球以外天体的能量主要是指太阳能。除太阳辐射能之外，太阳能还是风能、水能、生物能和矿物能等能源产生的基础。地球上的能量绝大部分直接或间接来自太阳能。例如，各种植物通过光合作用把太阳能转变成化学能储存在植物体内所形成的生物质能。此外，水能、风能、波浪能、海流能等本质上也都是由太阳能转换而来的。

② 地球本身蕴藏的能量。地球本身蕴藏的能量这里主要指地球内部的能源。地球可分为地壳、地幔和地核三层，它是一个大热库。地壳是地球的表面层，一般厚度为几千米至70km 不等；地壳下面是地幔，它大部分是熔融状的岩浆，厚度约为 2900km，火山爆发就是这部分的岩浆喷出；地球内部为地核，地核中心温度为 4000～6800℃。由此可见，地球内部的地热资源储量很大，温泉和火山爆发喷出的岩浆都是地热能。

③ 地球和其他天体相互作用产生的能量。潮汐能是由月亮、太阳和地球之间的相互作用产生的。潮汐能包括潮汐和潮流两种能量形式。潮水在昼夜间的涨落中蕴藏着巨大能量，它是永恒、无污染的能量。

（2）按照能源的形成条件分类

按照能源的形成条件不同，可将能源分为一次能源和二次能源。一次能源是指在自然界中天然存在的能源，比如煤炭、石油、天然气及水能等；二次能源是指由一次能源加工或转换而成的能源，也称为人工能源，如电力、煤气、水蒸气、汽油、柴油、焦炭及沼气等。

（3）根据能源的性质分类

根据能源的性质可将其分为燃料型能源及非燃料型能源。燃料型能源包括煤炭、石油、天然气及核燃料等；非燃料型能源包括水能、风能、地热能及海洋能等。

当前燃料型能源消耗量很大，但地球上这些能源的储量有限。人类目前正在逐渐扩大太阳能、地热能、风能、潮汐能等可再生能源的用量。核聚变能比核裂变能高出 5～10 倍，其最合适的燃料氘大量存在于海水中，是未来的能源支柱之一，一旦受控核聚变技术得到突破，人类仅通过核聚变就可获得无尽的能源。

（4）根据是否能够反复利用分类

在自然界中可以不断再生、补充的能源称为可再生能源，反之称为非可再生能源。根据《中华人民共和国可再生能源法》，可再生能源是指风能、太阳能、水能、生物质能、地热能、海洋能等非化石能源；非可再生能源是指煤炭、石油、天然气等化石能源。

（5）按照开发使用的程度分类

根据能源的利用程度，可将能源分为常规能源和新能源。

常规能源是指在目前的技术和经济条件下，可大规模生产和使用的能源，包括煤炭、石油、天然气、水力能源等。

新能源是指未被广泛利用，正在研究和开发，有待推广的能源。新能源是对于常规能源而言的相对概念，新能源中所包含的能源类型可以随着技术成熟及使用规模的扩大而转化为常规能源，比如目前太阳能属于新能源，未来随着太阳能利用技术的成熟和使用范围的扩大，它有望成为常规能源。

（6）根据是否排放污染物分类

根据能源在使用过程中是否排放污染物，可将能源分为清洁能源和非清洁能源。

清洁能源，也称为绿色能源，是指在使用过程中不排放污染物的能源，如核能发电，天然气（包括常规天然气、页岩气和天然气水合物），以及可再生能源。

非清洁能源，指在使用过程中会排放污染物的能源，比如煤炭、石油等。

## 1.2　我国太阳能资源概况

通常，太阳能是指太阳光的辐射能。太阳能总量巨大，地球每年接收的太阳能总量为 $1\times10^{18}kW\cdot h$，相当于 $5\times10^{14}$ 桶原油，是地球已探明原油储量的近千倍，是世界年能耗总量的一万余倍，比地球上的核能、地热能和引力能储量的总和还要大五千多倍。到达地球的太阳辐射约 29.5% 被反射回宇宙空间；约 47% 的太阳辐射转化为热能后，以长波辐射形式再次返回宇宙空间；约 23% 的太阳辐射是地球上蒸发和凝结的能量，是风和波浪的动能；还有不到 0.5% 的太阳辐射被植物通过光合作用所吸收。虽然太阳能如此巨大，清洁无污染，但是太阳辐射能的通量密度很低，太阳辐射通过地球大气层时受到气象及空气污染等因素的影响，会进一步衰减，因此地面上接收到的太阳辐射具有间歇性和不稳定性。

我国幅员辽阔，地理位置主要介于北纬 18°～45°，陆地表面平均年水平面总辐照为 $1490.8kW\cdot h/m^2$，全国接近三分之二的地区年均日照时间超过 2000h，太阳能资源丰富，但各地区太阳辐照量差距很大，总体呈现出高原地区、少雨干燥地区太阳辐照量偏大，平原地区、多雨高湿地区太阳辐照量偏小的特点。青藏高原海拔高度在 4000m 以上，大气层薄，透明度高，日照时间长，是太阳总辐照量的高值地区。四川盆地雨雾多，晴天较少，是太阳总辐照量低的地区。

《太阳能资源等级　总辐射》（GB／T 31155—2014）将全国太阳总辐射年辐照量划分为四个等级，即：最丰富（A）、很丰富（B）、丰富（C）、一般（D），具体见表 1-2 所示。

A 类地区是我国太阳能资源最丰富的地区，主要包括甘肃西南部、内蒙古西部、青海西部及西藏中西部等地，其全年日照时数为 3500～4000h，年辐照量超过 $1750kW\cdot h/m^2$。这些地区的太阳能资源仅次于撒哈拉沙漠，位居世界第二位。

表 1-2    太阳总辐射年辐照量等级

| 等级名称 | 分级阈值/(kW·h/m²) | 分级阈值/(MJ·h/m²) | 等级符号 |
| --- | --- | --- | --- |
| 最丰富 | $G \geqslant 1750$ | $G \geqslant 6300$ | A |
| 很丰富 | $1400 \leqslant G < 1750$ | $5040 \leqslant G < 6300$ | B |
| 丰富 | $1050 \leqslant G < 1400$ | $3780 \leqslant G < 5040$ | C |
| 一般 | $G < 1050$ | $G < 3780$ | D |

注：$G$ 表示总辐射年辐照量，一般取 30 年平均值。

B 类地区是太阳能资源很丰富的地区，主要包括新疆大部、内蒙古大部、青海中东部、宁夏、甘肃中部、陕西北部、山西中北部、云南、西藏东部和海南西部等地，年水平面总辐照量在 $1400 \sim 1750$ kW·h/m²，全年日照时数为 $3000 \sim 3500$ h。

C 类地区是太阳能资源丰富的地区，全年日照时数为 $2200 \sim 3000$ h，年水平面总辐照量在 $1050 \sim 1400$ kW·h/m²。主要包括内蒙古东北部、黑龙江大部、吉林大部、山西南部、河北中南部、北京、天津、黄淮、江淮、江汉、江南及华南大部等地。

B 类和 C 类地区的面积较大，占全国总面积的 2/3 以上，具备太阳能利用的良好条件。

D 类地区是太阳能资源一般的地区，全年日照时数为 $500 \sim 2200$ h，年水平面总辐照量不足 1050 kW·h/m²。主要是四川东部、重庆、贵州中北部、湖南中西部及湖北西南部地区的一部分地区。这类地区春夏多阴雨，秋冬季太阳能资源还可以，具有一定的太阳能利用价值。

我国年日照时数的空间分布大致以拉萨与哈尔滨的连接线为界，分为东西两部分。西部日照时间普遍较长，年日照时数均值约为 3500h；东部日照时间较短。东部四川盆地的年日照时数最少，最低值约为 500h。需要指出的是，西藏东部地区的年日照时数约为 1280h，与其丰富的年辐照量并不匹配，故该地区的年日照时数极大地降低了当地太阳能的开发潜力。

一般情况下，纬度越高，太阳能资源越少，接收到的太阳辐射越少。除此之外，大气层中的云量和气溶胶也影响太阳能资源。我国太阳能资源分布与降水分布情况关系密切，华南地区虽然纬度低，但降水多，因此华南大部分地区属于 C 类地区。沙尘天气和雾霾一定程度上影响了新疆和华北地区的太阳能资源。青藏高原地区纬度低、海拔高、大气透明度好，大多属于 A 类地区。

根据调查，西藏地区的太阳能资源与撒哈拉沙漠、赤道等地相当，太阳能资源开发利用价值极高。西藏全区年太阳辐射总量相当于 2400 亿吨标准煤。其中，日喀则市中东部、山南市西北部、拉萨市中南部、阿里西部光伏发电最佳斜面的年辐照量高达 2500 kW·h/m²，是西藏自治区光伏发电最佳斜面年辐照量的 1.13 倍。西藏自治区拥有丰富的水能、太阳能、风能和地热能资源，合理开发和利用这些清洁可再生能源，有助于实现"碳达峰"和"碳中和"目标。

# 1.3    太阳能利用现状与趋势

我国最早利用太阳能的历史可追溯到 2700 年前。在周代，就设有专门掌管阳燧的官叫司烜氏。阳燧就是一种金属制成的凹面镜。清朝光绪年间，四川洪雅县的肖开泰，是我国最早研究太阳能的学者。他研制出了一面小型聚光镜，利用太阳能来烹、煮、烘、烤各种食物。肖开泰制作的烤箱，可以说是我国最早的太阳灶，它与现代太阳灶的原理相同。

在世界范围，公元前 212 年，希腊著名科学家阿基米德利用许多小的平面镜将阳光聚集起来烧毁了攻击西西里岛西拉修斯港的罗马舰队。1973 年，希腊科学家伊奥里斯·萨克斯用实验验证了这种说法。1615 年法国工程师所罗门·德·考克斯发明了世界上第一台太阳能驱动的发动机，该机器利用太阳能加热空气使其膨胀做功而抽水。20 世纪 20 年代，美国加州地区开始采用太阳能集热器为用户供热水。1938 年，美国麻省理工学院建成第一座太阳能采暖建筑。此后直至 1960 年，全世界共建成 20 座试验性太阳能建筑，为今天太阳能建筑的设计奠定了良好的基础。1970 年以后，由于第三次石油危机爆发，使得人们更加重视太阳能资源的开发利用，太阳能热水、太阳能取暖、太阳能制冷和太阳能热泵技术得到深入研究和广泛应用。1980 年之后，从美国加利福尼亚州开始，世界范围内兴建大量的地面太阳能光热电厂。在美国、印度、南非等国家和地区，塔式、槽式、菲涅耳式太阳能热发电站得到规模化的发展。太阳能平板集热器是 17 世纪后期发明的，是历史上最早出现的太阳能集热装置，但直到 20 世纪 60 年代才被深入研究并进入实际应用阶段。1984 年，我国清华大学殷志强教授及其团队成功发明了磁控溅射铝-氮/铝太阳能选择性吸收涂层，使太阳能吸收率达到 0.85 以上，随着这项核心技术的突破，诞生了庞大的真空管太阳能集热器生产和应用产业。

早在 1839 年，法国科学家贝克雷尔就发现，光照能使半导体材料的不同部位之间产生电位差，这种现象后来被称为"光生伏特效应"。1954 年，美国科学家恰宾和皮尔松在美国贝尔实验室首次制成了实用的单晶硅太阳能电池，诞生了将太阳光能转换为电能的实用光伏发电技术。

目前太阳能利用的基本方式为太阳能热利用、太阳能光伏发电、太阳光照明以及太阳光生物利用，其中应用最多的方式是太阳能热利用和太阳能光伏发电。

## 1.3.1　太阳能热利用

太阳能热利用是将太阳辐射能收集起来，通过采用高吸收率、低发射率的吸收涂层材料或采用聚焦技术，将太阳辐射能转化成热能并加以利用。

太阳能热利用主要包括太阳能热水系统、太阳能暖房、太阳能制冷、太阳能热发电、太阳能海水淡化、太阳能干燥、太阳灶及太阳能温室等技术，这些技术历经几十年的发展，已日趋成熟。太阳能热利用按照制热的温度来分，可以分为低温（<100℃）热利用和中高温（≥100℃）热利用。一般说来，太阳能热水系统、太阳能暖房、太阳能干燥及太阳能温室属于太阳能低温热利用，而太阳能热发电、太阳能制冷属于太阳能中高温热利用，太阳能海水淡化和太阳灶既可采用低温热利用法也可以采用高温热利用法。

（1）太阳能热水系统

自 20 世纪 70 年代世界能源危机开始，太阳能资源受到世界各国的重视。太阳能热利用技术的研究与开发已多次列入我国国家科技攻关项目，取得了一大批科技成果，特别是光谱选择性吸收涂层全玻璃真空集热管的研制。20 世纪 90 年代末以来我国太阳能热水器产业迅速发展，产品种类和规格层出不穷，太阳能热水器的年产量和累计保有量均飞速增长。我国是目前世界上太阳能热水器的生产和应用大国，2021 年新增太阳能集热系统总量 2705.2 万平方米，市场总保有量达 6.19 亿平方米，年产量和累计保有量均居世界第一。我国 2021 年生产的太阳能低温集热器中，真空管集热器占 73.7%，平板集热器占 26.3%。全玻璃真空管家用太阳能热水器已经成为我国主要的太阳能热利用产品。

我国太阳能热水器产业虽然已经处于世界领先地位，但仍具有很大的发展空间。太阳能集热器与建筑一体化是当今太阳能热水系统的一个重要发展方向。与建筑一体化的太阳能热水器设计是指在满足热负荷的基础上，同时实现和建筑的整体结合，从而实现室内温度的调节，提高建筑的美感。基于热泵的太阳能集热器技术是另一个发展方向，太阳能辅助热泵在太阳能较为短缺的地区具有较好应用前景。

（2）太阳能暖房

太阳能暖房是利用太阳辐射能来代替部分常规能源提供生活热水、采暖或制冷所需热量的一种节能建筑。太阳能暖房分为主动式和被动式两大类。被动式太阳能暖房通过建筑朝向和周围环境的合理布置，内部空间和外部形体的巧妙处理，以及建筑材料和结构的恰当选择，实现太阳热能的集取、储存和分布，适用于居住建筑和中小型公用建筑。主动式太阳能暖房是通过采用集热器、储热装置、管道、风机、水泵等设备，"主动"收集、储存和输配太阳能。其优点是采暖过程中室温易于控制，缺点是设备投资费用和操作费用均高于被动式。因此，目前采用的太阳能暖房以被动式为主。

全球第一栋采用集热蓄热墙式的被动式太阳能暖房于1967年在法国比利牛斯山修建，将玻璃覆盖在南墙除窗户之外的部分，使整个南墙成为集热部件。日本已利用这种技术建成了上万套太阳能暖房。中国太阳能暖房的开发利用自20世纪80年代初开始，主要分布在山东、河北、辽宁、内蒙古、甘肃、青海和西藏的农村地区。2012年，中国制定了《被动式太阳能建筑技术规范》（JGJ/T 267—2012），为被动式太阳能建筑设计和运行评价提供了依据。2020年，住房和城乡建设部编制了《农村地区被动式太阳能暖房图集（试行）》，用于指导北方地区农村建筑能效提升，推进北方地区冬季清洁取暖试点工作。截至2020年底，全国累计建成节能建筑面积超过238亿平方米，节能建筑占比达到63%，全国累计建成超低、近零能耗建筑面积1000万平方米。

（3）太阳能制冷

太阳能制冷是利用收集的太阳热能作为热源来实现制冷的一种技术，具体技术方法包括太阳能吸收式制冷、太阳能吸附式制冷和太阳能喷射式制冷等。其中，太阳能吸收式制冷技术较为成熟，已进入实用阶段。

太阳能吸收式制冷技术中最为典型的应用是溴化锂太阳能吸收式制冷系统，该系统制冷效率高，可在较低的热源温度下运行，溴化锂对臭氧层没有破坏，在大型空调领域应用较为广泛。太阳能吸收式制冷系统在世界范围内已有大量典型案例。2008年在西班牙塞维利亚大学建立的双效溴化锂-水太阳能吸收式制冷系统，采用$352m^2$的菲涅耳太阳能集热器。该系统制冷量达174kW，太阳能集热器的效率为75%，制冷机的性能系数（COP）可达1.1～1.25。2011年建立在法国圣皮埃尔大学的单效溴化锂吸收式制冷系统，采用$90m^2$的平板型集热器，用来为4个$170m^2$的教室降温。该系统的最大制冷量为17kW，制冷机的COP为0.3～0.4。2020年建立在沙特阿拉伯达兰的集成热化学储能的双效溴化锂太阳能吸收式制冷系统，虽然太阳辐射输入变化不定，但该系统平均每小时制冷量为1700kW，波动不大。太阳能吸收式制冷系统与高层建筑结合的可行性较差，主要原因是集热器面积受到高层屋顶的限制。Li等提出了一种新型太阳能吸收式制冷与过冷压缩结合的制冷系统，旨在解决高层建筑太阳能制冷的可行性问题。对该系统进行经济性分析发现，其投资回收期与现今高层建筑经济性最好的太阳能光伏制冷系统接近。

2009 年建立在上海建筑科学研究所内的单效溴化锂太阳能吸收式制冷系统，由 $150m^2$ 的真空管集热器、2 台吸收式制冷机（其中每台的制冷量为 8.5kW）及一个 $2.5m^3$ 的热水储罐组成，该系统能连续运行 8h 并提供 15.3kW 的制冷量。2012 年建立在山东济南的一套双效溴化锂太阳能吸收式制冷系统，采用 $105m^2$ 的复合抛物面聚光太阳能集热器，制冷机的性能系数（COP）为 0.16，最高值可达 0.19。热源水温为 125℃时，太阳能集热器的集热效率为 50%。2017 年建立在上海的一套采用潜热蓄热的单/双效混合的溴化锂太阳能吸收式制冷系统，采用了线性菲涅耳聚光型太阳能集热器。硝酸盐（7%$NaNO_3$、53%$KNO_3$ 和 40%$NaNO_2$）作为太阳能热驱动制冷系统的相变材料，制冷机的性能系数（COP）可达 0.88，日制冷量在 100kW 左右。

国际能源署（International Energy Agency，IEA）预测，从 2018 年到 2050 年的 32 年间，全球空调需求量将从 16 亿台增加到 56 亿台，意味着全球每年空调增加量约为 1.25 亿台。

太阳能制冷作为一种环保制冷技术，具有良好的发展前景，能满足全球日益增长的制冷需求及环保要求。

（4）太阳能热发电

太阳能热发电是通过太阳能集热器把光能转换为热能，加热工质蒸汽，然后由蒸汽驱动汽轮机-发电机组发电的技术。太阳能热发电技术具有储能优势、发电功率平稳和调度方式灵活等特点。根据集热方式的不同，太阳能热发电技术主要分为槽式太阳能热发电、塔式太阳能热发电、碟式太阳能热发电和线性菲涅耳式太阳能热发电 4 种类型。光热发电全生命周期每度电的碳排放强度几乎低于目前所有的主流发电形式。塔式光热电站全生命周期每度电碳排放强度仅为 $15.3g/(kW \cdot h)$，约为火电的 1/50，光伏发电的 1/6。

槽式太阳能热发电技术发展至今已近 40 年，工艺路线和核心组件已相对成熟。2018 年 10 月，中国广东核电集团有限公司德令哈 50MW 热发电示范项目成功投入商业运行，该项目采用的就是槽式太阳能热发电技术。

与槽式太阳能热发电技术相比，塔式太阳能热发电技术具有更高的集热温度和发电效率，发展空间更广。北京首航艾启威节能技术股份有限公司自主研发及投资建设的敦煌 100MW 熔盐塔式热发电项目，于 2018 年 12 月 28 日成功实现并网发电，成为我国首个百兆瓦级大型商业化光热电站，是继德令哈 50MW 槽式电站之后第二座并网的光热发电示范项目。浙江中控太阳能技术有限公司建造的青海德令哈 50MW 熔盐塔式热发电项目，于 2018 年 12 月 30 日正式并网运行，成为我国第三座并网的光热发电示范项目。该项目由我国自主研发，其 95% 以上的设备实现了国产化，2020 年前 3 个月的发电量达成率连续达到 100%，创下全球同类型电站同期最高纪录，标志着我国太阳能热发电技术已在一定程度上处于国际领先水平。截至 2020 年底，我国并网发电的 100MW 规模以上光热电站达到 10 座，总装机容量为 520MW，位居全球第四。

此外，针对超临界 $CO_2$ 布雷顿循环太阳能热发电技术的研究，美国于 2011 年研发了 10MW 超临界 $CO_2$ 发电机，并于 2019 年成功通过机组性能测试。我国于 2018 年成功研制了国内首台兆瓦级 $CO_2$ 压缩机，有力推动了我国该项技术的发展。超临界 $CO_2$ 布雷顿循环太阳能热发电技术从理论、实践发展到成熟应用将有较长的一段路要走，过程中取得的成果也可能为现有发电技术带来革新。

太阳能热发电与风力发电并行互补方式兼具太阳能热发电稳定、持续的优点和风电低成本的优势，研究热点将在并网调度需求和效益最大化等方面展开；太阳能热发电与生物质能热利用互补发电系统能够减少储热系统的高成本投入，同时降低依赖生物质能供应的风险，但该系统的设计需要充分考虑当地太阳能和生物质能资源的分布，以达到合理配置。

（5）太阳能海水淡化

淡水资源紧缺是当今世界各国面临的主要问题之一，海水淡化能有效缓解淡水紧缺的现状。传统的海水淡化技术不仅消耗大量能源，而且不利于环境保护，相比之下，太阳能海水淡化技术更加节能和环保。太阳能海水淡化方法可分为热法和膜法，它们分别利用太阳能转化的热能及电能进行海水淡化。

太阳能热法海水淡化是利用太阳能转化成的热能，使海水蒸馏或空气加湿除湿获得淡水。1982 年，我国嵊泗岛建造厂搭建了一个具有数百平方米太阳能采光面的大规模海水淡化装置，这是我国第一个实用的太阳能蒸馏海水淡化装置。我国在 2013 年 11 月投产的太阳能光热海水淡化示范项目总投资额约 1300 万元，该项目采用线性菲涅耳聚光太阳能集热系统产出 170℃的水蒸气，为低温多效蒸馏海水淡化系统提供热量，对海水进行蒸馏获得淡水。项目一期建设规模的额定产水量为 1250kg/h，年均产水量约为 2000t，可满足近 150 人一年的用水量。太阳能集热系统由 5 个线性菲涅耳式太阳能跟踪聚焦集热模块组成，占地面积不到 700m$^2$。

太阳能膜法海水淡化包括反渗透法和电渗析法，是利用太阳能光伏发电或热发电，再用电能给海水加压，使海水通过膜组件进行分离获得淡水的方法。1982 年，美国 Water Serv. 公司报道了世界第一家太阳能光伏反渗透海水淡化厂，该工厂操作过程中仅使用光伏阵列产生的直流电，不需要备用能源。2016 年在摩洛哥建立并投运的太阳能膜法海水淡化项目，共安装 57 块光伏组件，总额定功率约为 10kW，并配有 18 个额定功率为 14kW 的太阳能集热器，光伏组件和太阳能集热器分别为反渗透和膜蒸馏过程提供能量。2015 年我国在福建省平潭大屿岛建立了太阳能膜法海水淡化系统，该系统在产水量为 9.5t/d 和不使用阻垢剂的条件下可稳定运行一个月。在无化学药品添加的情况下，可有效地减少反渗透膜污染现象的发生。到 2020 年，我国海水淡化总规模达到 $2.2×10^6$t/d 以上，沿海城市新增海水淡化规模 $10.5×10^6$t/d 以上，海岛地区新增海水淡化规模 $1.4×10^5$t/d 以上。

（6）太阳能干燥

太阳能干燥的推广应用大部分在热带和亚热带国家，如中国、南非、菲律宾、巴西和印度等。目前世界上应用的太阳能干燥装置的规模都很小，大多数为简易的温室型太阳能干燥室，面积一般小于 10m$^2$。大型太阳能干燥装置基本上都采用集热器集热，并与常规能源结合，以保持干燥过程的连续性，如太阳能热泵干燥。

近年来我国太阳能干燥技术显著发展，开展了谷物杂粮、果品、蔬菜、木材、草药、茶叶和鲜花等的干燥研究及应用。从太阳能干燥装置的规模看，大多数是采光面积 200m$^2$ 以下的中小型装置，其中以小型装置居多。据不完全统计，截至 2019 年，中国已建各种类型的太阳能干燥装置 200 多座，总采光面积为 $2×10^4$m$^2$ 左右，在工农业生产的干燥作业中被广泛应用，取得较好的经济效益和社会效益。

随着全球能源问题的凸显，我国太阳能干燥技术也会有一定发展，特别是一些小型、简易的太阳能干燥室，在太阳日照条件好但经济欠发达的偏远地区，有较好的应用前景。对于偏远地区的小规模干燥需求，可发展简易的温室型、半温室型或小规模集热器型的太阳能干燥装置；对于大、中规模的干燥需求，可发展材料体积为 50~100m$^3$ 的大型太阳能干燥装置。

（7）太阳灶

太阳灶是一种利用太阳能辐射，通过聚光等形式获取热量，进行炊事烹饪食物的装置。早在 1973 年中国就召开了第一次关于利用太阳能烹饪的国际研讨会，并于 1981 年开始推广太阳灶。自 2006 年以来，太阳灶在西部农村地区被广泛推广，目前使用的太阳灶主要为聚光式太阳灶。根据《中国农村统计年鉴》数据，2019 年甘肃农村太阳灶拥有量为 753116台，约占全国农村总拥有量的 41.03%；西藏农村太阳灶拥有量为 391563 台，约占全国农村总拥有量的 21.33%；青海农村太阳灶拥有量为 258259 台，约占全国农村总拥有量的 14.07%。在西部农村地区，太阳灶普及率接近 50%，多数家庭用来烧水、煮茶。然而太阳灶未来发展受一些现实因素限制仍有困难，如电能烹饪设备的普及、天气因素、运输困难等。近年来有研究人员提出了一些新型太阳灶，即在原太阳灶的基础上，结合真空集热管技术、热管技术的新型太阳灶，但受制于制造和维护成本、制作工艺等条件，难以推广应用。

（8）太阳能温室

太阳能温室是利用太阳能温室效应提高塑料大棚或玻璃房内的室内温度，以满足植物生长对温度的要求。夜间，没有太阳辐射时，温室处于降温状态，为了减少散热，要在温室外部加盖保温层。若温室内有储热装置，晚间可以将白天储存的热量释放出来，以确保温室夜间温度不要过低。

2020 年，我国温室大棚面积为 187.3 万公顷，其中塑料大棚约占温室大棚总面积的 65.4%，日光温室占 30.4%。日光温室已经逐渐占据我国设施农业产业中的重要位置，近 20 年来已成为农业种植中效益最高的产业。

太阳能光伏温室是一种新型温室，即在温室的部分或全部向阳面上铺设光伏发电装置，温室既具有发电能力，又能为一些作物或食用菌生长提供适宜的环境。根据中国光伏农业工作委员会的估算，每个太阳能光伏温室相当于一个 200kW 的发电站，每年可以产生 28 万 $kW \cdot h$ 的电力，经济效益达 30 万元。未来，光伏温室可以实现对温室温度、空气和土壤湿度的自动检测。光伏发电与农业结合，将产生极大的经济效益。

## 1.3.2 太阳能光伏发电

太阳能光伏发电是太阳能大规模利用的主要方式之一。光伏发电是利用光生伏特效应将太阳能辐射能直接转换为电能的技术。我国近十几年来光伏发电技术及其生产规模发展迅速，2012 年我国光伏发电容量为 7.98GW，主要集中在宁夏、青海、甘肃 3 个省（自治区）。2015 年我国光伏发电容量达到 20GW。2017 年我国光伏发电累计装机占总发电装机容量的 7.33%，相较于 2013 年高 6%。2021 年光伏发电总装机容量达到 25.343GW。2021 年我国光伏组件产能已达到 30GW，约占全球总产能的 75%。2022 年 3 月，我国计划在沙漠、戈壁、荒漠规划建设 0.45GW 的大型风电和光伏基地。预期到 2030 年，我国风电和太阳能发电总装机容量将达到 1.2GW 以上。

世界各国也在大力发展太阳能发电技术。根据 IRENA（International Renewable Energy Agency）发布的数据，2020 年美国新增太阳能光伏装机容量 14.89GW，累计装机容量达到 73.81GW。德国仅在 2012 年光伏装机容量就达 7.6GW，2020 年德国新增光伏装机容量 4.8GW，同比增长 21%。截至 2020 年底，德国光伏累计装机容量已达 54.18GW。根据德国的最新规划，到 2026 年德国光伏装机容量将达 83GW，2030 年将突破 100GW。在装机容量很大的背景下，德国的弃光率仅有 1% 左右。日本在柔性可弯曲太阳能电池的研究上处于世界领先水平。印度的可再生能源发展迅速，得益于其丰富的水利资源，可再生能源在其能源结构中的占比已超过 35%。截至 2019 年底，印度光伏发电已达到 33.8GW，约占能源结构的 8.2%，占新能源发电的 25.9%。

随着光伏发电技术的进步，太阳能与其他可再生能源联合发电可弥补单一种类可再生能源发电的问题和不足，将成为太阳能发电的新趋势。

## 1.3.3　太阳光照明

自 20 世纪开始，采集太阳光照明就是欧美发达国家竞相研究的热点课题，目前这项技术已经逐步走向成熟化和实用化。我国在这方面起步较晚，在导光管的研制和应用领域依然较为落后，但发展较快。太阳光建筑照明是建筑在白天照明时有效利用自然光，充分发挥太阳的资源效能，节省电费开支的一种绿色建筑照明技术，主要技术方法分为导光管法和光导纤维法。

在 2008 年北京奥运会场馆工程建设中大规模采用导光管采光照明后，我国对其开始重视并逐渐推广应用。目前导光管采光技术在铁路客站中的应用尚在探索阶段，在成都南站、上海虹桥站等地下空间的室内照明中被少量应用。

我国对太阳能光导纤维的研究起步较晚，目前主要研究方向是设计出一种低衰减、高性能的光导纤维。照明能耗一直是建筑能耗中较多的一项，太阳光建筑照明虽然存在系统运行不稳定、成本高、易损坏等缺点，但是从长远看，其能够提供廉价的自然光，是一种具有巨大潜力的照明技术。

## 1.3.4　太阳光生物利用

太阳光生物利用是指通过植物的光合作用将太阳光能转换为生物质能的过程。生物质能作为重要的可再生能源，利用方式多样，如生物质能发电、生物质固体成型燃料、生物质燃气和生物质液体燃料等。

我国生物质能资源主要有农作物秸秆、树枝、能源作物和工业有机废水等。根据国家能源局发布的《生物质能发展"十四五"规划》，我国生物质能市场的中长期前景良好，但也面临诸多瓶颈和挑战。截至 2021 年，我国的生物质能发电总装机容量达 3536.1 万千瓦，生物质能源总量约折合 10 亿吨标准煤。预计 2030 年生物质能在我国可再生能源消费中的占比将达到 8% 左右。

我国生物质能技术已趋于成熟，加快生物质能的规模化生产和应用将是未来的主要发展目标。

由于太阳光生物利用归属于生物质能的专门领域，因此本书对此不再作详细介绍。

# 第 2 章
# 太阳辐射

## 2.1 太阳和地球

### 2.1.1 太阳结构

　　太阳直径为 $1.39 \times 10^6 \mathrm{km}$，质量为 $1.99 \times 10^{27} \mathrm{t}$，是地球质量的 $3.32 \times 10^5$ 倍。太阳距地球的平均距离为 $1.495 \times 10^8 \mathrm{km}$。太阳主要由 $78.7\%$ 的氢和 $19.8\%$ 的氦组成，其余 $1.5\%$ 由氧、碳、氖、铁和其他元素组成。

　　太阳内部持续发生核聚变反应，将氢转变为氦，致使太阳质量每秒亏损 $4.0 \times 10^6 \mathrm{t}$。根据爱因斯坦质能方程 $E = mc^2$，太阳核聚变产生的辐射功率约为 $3.8 \times 10^{23} \mathrm{kW}$。这个巨大的能量以电磁波的形式向空间传播，到达地球大气层上界的辐射虽只占太阳总辐射的 $1/(2.2 \times 10^9)$，却高达 $1.73 \times 10^{14} \mathrm{kW}$。

　　迄今为止太阳已存在约 45 亿年，其预计寿命大约是 100 亿年。太阳存在是地球存在的前提，只要太阳存在，地球上的太阳能就是"取之不尽、用之不竭"的能源。

　　太阳的结构如图 2-1 所示。设太阳的半径为 $R$，$0 \sim 0.23R$ 之间为日核，此区域太阳的温度为 $(8 \sim 40) \times 10^6 \mathrm{K}$，密度为水的 $80 \sim 100$ 倍，这部分的质量占太阳总质量的 $40\%$，该部分辐射占太阳辐射的 $90\%$；$0.23R \sim 0.7R$ 之间是中间层，在距离太阳中心 $0.7R$ 处，太阳的温度为 $1.3 \times 10^5 \mathrm{K}$ 左右，密度降到 $70 \mathrm{kg/m^3}$；$0.7R \sim 1R$ 之间是太阳的对流层（对流区），温度降至 5000K 左右，密度为 $1.0 \times 10^{-5} \mathrm{kg/m^3}$。对流区外层称为光球，就是肉眼看见的太阳表面。光球是一层不透明的气体薄层，温度为 $5800 \sim 6000 \mathrm{K}$，密度为 $1.0 \times 10^{-3} \mathrm{kg/m^3}$，厚度约为 500km。光球内的气体电离程度很高，因而能吸收和发射连续的辐射光谱。光

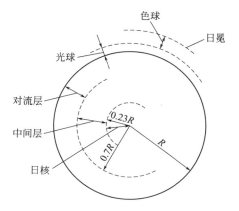

图 2-1　太阳结构示意图

球是太阳的最大辐射源，几乎所有可见光都是由这里发射出来的。光球表面有黑子和光斑活动，对太阳辐照量及电磁场有强烈的影响，其活动周期约为 11 年。

　　色球位于光球外，厚度为 $(1 \sim 1.5) \times 10^4 \mathrm{km}$，其主要成分是低压氢和氦，温度约为 5000K，密度为 $1.0 \times 10^{-5} \mathrm{kg/m^3}$。色球内有时会出现强烈喷射的日焰，使太阳辐照量猛增，有些电子流到太空中形成太阳风，在地球大气层上层产生磁暴或极光。色球外伸向太空的是银白色日冕，由高温、低密度的等离子体组成，亮度微弱，相当于满月的亮度。

## 2.1.2　太阳常数

大气层外、平均日地距离处，垂直于太阳辐射方向上单位面积、单位时间获得的太阳辐照度为 $1353W/m^2$，该数值被称为太阳常数，以 $G_{sc}$ 表示。太阳常数是利用人造卫星等现代工具测量得到的。

实际上，大气层外的太阳辐照度会随着日地距离的改变而改变，但由于地球公转的椭圆轨道的偏心度不大，大气层外太阳辐照度随着日地距离变化的范围仅为 $\pm3\%$。一年中的第 $n$ 天，在大气层外，当太阳辐射方向与接收平面法线方向一致时，在单位接收面积、单位时间内所获得的太阳辐照度（$W/m^2$）可由以下公式计算获得：

$$G_{on}=G_{sc}\left(1+0.033\cos\frac{360°n}{365}\right) \tag{2-1}$$

式中，$n$ 为日子数，即一年中的某一天在 365 天中的排序，可借助表 2-1 求出；下标 "o" 指大气层外；下标 "n" 指平面的法线方向。后文中，与此相同的下标，其含义相同。

表 2-1 是各月的月平均日、日子数及赤纬角，对于闰年，表 2-1 中 3 月份之后的 $n$ 要加 1。月平均日是指一个月中的某一天大气层外太阳辐照量与该月的日平均值最为接近，这一天就被称为该月的月平均日；赤纬角 $\delta$ 是地球中心与太阳中心的连线与地球赤道平面的夹角，一年中赤纬角的变化范围是 $\pm23°27'$。正是由于赤纬角的变化，才使地球拥有了四季。

**表 2-1　月平均日、日子数及赤纬角**

| 月份 | 各月第 $i$ 天日子数的算式 | 各月平均日 | 该天的日子数 $n$/天 | 赤纬角 $\delta$/° |
|---|---|---|---|---|
| 1 月 | $i$ | 17 | 17 | -20.9 |
| 2 月 | $31+i$ | 16 | 47 | -13.0 |
| 3 月 | $59+i$ | 16 | 75 | -2.4 |
| 4 月 | $90+i$ | 15 | 105 | 9.4 |
| 5 月 | $120+i$ | 15 | 135 | 18.8 |
| 6 月 | $151+i$ | 11 | 162 | 23.1 |
| 7 月 | $181+i$ | 17 | 198 | 21.2 |
| 8 月 | $212+i$ | 16 | 228 | 13.5 |
| 9 月 | $243+i$ | 15 | 258 | 2.2 |
| 10 月 | $273+i$ | 15 | 288 | -9.6 |
| 11 月 | $304+i$ | 14 | 318 | -18.9 |
| 12 月 | $334+i$ | 10 | 344 | -23.0 |

## 2.1.3　太阳波长

太阳辐射的波长分布可以用一个温度为 5800K、波长为 $0.3\sim3\mu m$ 的黑体辐射来近似表示。图 2-2 给出了位于日地平均距离处，太阳常数为 $1353W/m^2$ 的标准太阳辐射光谱。太阳波长分布在紫外光、可见光和红外光波段，这些波段受大气衰减的影响程度各不相同。

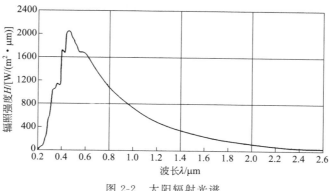

图 2-2　太阳辐射光谱

### 2.1.4　地球运转

地球中心与其南、北极的连线称为地轴。地球除了绕地轴自转外，还围绕太阳公转。地球的公转周期为一年，公转轨道为椭圆形，该椭圆平面称为黄道平面。每年 1 月初地球近日点时，太阳与地球的距离为 $1.47 \times 10^8$ km；在 7 月初地球远日点时，太阳与地球的距离为 $1.52 \times 10^8$ km，两者相差约 3%，即地球椭圆形轨道的偏心率不大。太阳与地球的平均距离为 $1.495 \times 10^8$ km。在此日地平均距离处，从地球上看太阳直径的张角是 32'。地轴与黄道平面的夹角为 66°33'，该角度始终不变。地球赤道平面与黄道平面的夹角为 23°27'。

地球绕太阳运转时，在黄道平面不同位置处的赤纬角不同，如图 2-3 所示。

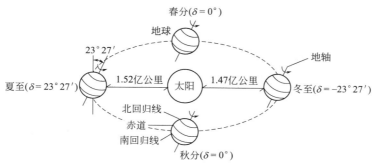

图 2-3　地球绕太阳运行示意图

地球上的南、北回归线是指南、北半球上纬度为 23°27'处的纬线。南、北回归线之间的地区称为热带。北半球的夏至，$\delta = 23°27'$，太阳光正射北回归线上，此时是南半球的冬至；北半球的冬至，$\delta = -23°27'$，太阳光正射南回归线，此时是南半球的夏至；春分及秋分，太阳正射赤道，$\delta = 0°$，此时南、北半球的昼夜相等。

一年中任何一天的赤纬角可由下式计算：

$$\delta = 23.45° \sin\left(360° \times \frac{284+n}{365}\right) \tag{2-2}$$

## 2.2　太阳辐射的入射角

在太阳能热利用和光伏发电中，首先要计算太阳能集热器或光伏板接收到的太阳辐照量。太阳辐照量与太阳辐射的入射角有关。太阳入射角的大小除了与赤纬角、太阳时角有关外，还与其他多个角度有关，这些角度详见图 2-4 所示，以下逐一介绍。

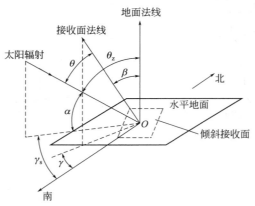

图 2-4　太阳入射光与接收面之间的角度示意图

## 2.2.1　相关角度的定义

（1）太阳时角 $\omega$

在太阳能辐射的计算中，一般采用的时间是太阳时，即把中午阳光通过当地子午线的时间设定为太阳午时，此时太阳处在空中最高点处。需要注意的是，太阳时与日常使用的标准时间并不一致，需要进行换算。

地球绕地轴由西向东自转时，地球每转 360°为一昼夜，对应于 24 小时，即地球每自转 15°相当于 1 小时，因此可用地球自转的角度来换算时间。

采用角度表示的太阳时被称为太阳时角，用符号 $\omega$ 表示。在太阳辐射的计算中，定义太阳午时 $\omega=0°$；上午 $\omega$ 为负值；下午 $\omega$ 为正值。比如上午 9 点，$\omega=-45°$；下午 3 点，$\omega=45°$。

（2）太阳入射角 $\theta$

太阳光线与其接收表面的法线之间的夹角，被称为太阳入射角，用符号 $\theta$ 表示。太阳光线可分解为垂直和平行于接收面的两个分量，只有垂直于接收表面的分量才能被接收，故太阳入射角越小，接收表面接收到的辐照量越大。

（3）太阳高度角 $\alpha$

太阳光线与其自身在地面上的投影线之间的夹角，被称为太阳高度角，用符号 $\alpha$ 表示。

（4）天顶角 $\theta_z$

太阳光线与地面法线之间的夹角，被称为天顶角，用符号 $\theta_z$ 表示。太阳高度角 $\alpha$ 和天顶角 $\theta_z$ 互为余角，即 $\alpha+\theta_z=90°$。如果太阳光的接收表面水平放置，则此时天顶角 $\theta_z$ 等于太阳入射角 $\theta$，$\theta$ 与高度角 $\alpha$ 互为余角。

（5）太阳方位角 $\gamma_s$

太阳光在地面上的投影线与正南方的夹角，被称为太阳方位角，用符号 $\gamma_s$ 表示。规定接收表面面向正南方向时 $\gamma_s=0°$。面向西 $\gamma_s$ 为正，面向东 $\gamma_s$ 为负，$\gamma_s$ 值的变化范围是 $-180°\sim+180°$。

（6）接收面的方位角 $\gamma$

太阳光接收面的法线在地平面上的投影线与正南方的夹角，被称为接收面的方位角，用

符号 $\gamma$ 表示。$\gamma$ 的度量方法与太阳方位角 $\gamma_s$ 相同，规定接收面面向正南方向时 $\gamma=0°$，面向西 $\gamma$ 为正，面向东 $\gamma$ 为负，$\gamma$ 的变化范围是 $-180°\sim+180°$。

（7）接收面的倾斜角 $\beta$

阳光接收面与水平地面的夹角，被称为接收面的倾斜角，用符号 $\beta$ 表示。$\beta$ 也可视为阳光接收面的法线与水平地面法线之间的夹角。

## 2.2.2　太阳入射角的计算

太阳能利用中，通常需要计算太阳能集热器或光伏板表面接收到的太阳辐照量。计算辐照量时，首先要计算太阳入射角 $\theta$。太阳入射角 $\theta$ 与赤纬角 $\delta$、地理纬度 $\varphi$、接收面的倾斜角 $\beta$、接收面的方位角 $\gamma$ 以及太阳时角 $\omega$ 等诸多因素有关，即 $\theta=f(\delta,\varphi,\beta,\gamma,\omega)$，其计算公式如下：

$$\cos\theta=\sin\delta(\sin\varphi\cos\beta-\cos\varphi\sin\beta\cos\gamma)+\cos\delta\cos\omega(\cos\beta\cos\varphi+\sin\varphi\sin\beta\cos\gamma)$$
$$+\cos\delta\sin\beta\sin\gamma\sin\omega \tag{2-3}$$

使用式（2-3）可以求得任何一天、太阳能接收面处于任何地理位置、任何倾斜角度、任何朝向和任何时刻的太阳入射角。

由于式（2-3）比较复杂，它在具体使用条件下可以简化。

① 当太阳光接收面朝向正南方向放置，即 $\gamma=0°$ 时，式（2-3）可以简化为：

$$\cos\theta=\sin\delta\sin(\varphi-\beta)+\cos(\varphi-\beta)\cos\delta\cos\omega \tag{2-4}$$

式（2-4）说明，倾角为 $\beta$ 时，接收表面上的太阳入射角等于纬度为（$\varphi-\beta$）处水平表面上的太阳入射角。

在以下条件下，式（2-4）还可进一步简化。

a. 若 $\beta=\varphi$，即接收面的倾斜角等于当地纬度，则：

$$\cos\theta=\cos\delta\cos\omega \tag{2-5}$$

b. 若 $\beta=0°$，即接收面水平放置，此时太阳入射角 $\theta$ 等于天顶角 $\theta_z$，则：

$$\cos\theta_z=\cos\theta=\sin\delta\sin\varphi+\cos\delta\cos\varphi\cos\omega \tag{2-6}$$

虽然式（2-6）是在一定条件下推导得到的，但是由于天顶角与集热器的摆放位置无关，因此在任何条件下，天顶角都可以用式（2-6）计算。在具体条件下，由式（2-6）可进一步作分析如下。

a. 在太阳午时，$\omega=0°$：

$$\cos\theta=\cos\theta_z=\sin\alpha=\sin\varphi\sin\delta+\cos\varphi\cos\delta=\cos(\varphi-\delta) \tag{2-7}$$

则

$$\sin\alpha=\cos(\varphi-\delta) \tag{2-8}$$

若 $\varphi=\delta$，则 $\cos\theta=\sin\alpha=1$，可得到 $\alpha=90°$，即太阳午时，在纬度等于当天赤纬角的地区，水平面上接收到的辐射最大。

b. 在春、秋分日的正午时刻，即 $\delta=0°$ 且 $\omega=0°$，由式（2-8）得 $\sin\alpha=\cos\varphi$，即随着纬度增加太阳高度角减小。

c. 每天日出及日落时刻，太阳处于地平面上，此时太阳高度角 $\alpha=0°$，$\theta_z=90°$，这时的太阳时角被称为日出或日落时角，用 $\omega_s$ 表示。由式（2-6）可得：

$$\sin\delta\sin\varphi+\cos\delta\cos\varphi\cos\omega_s=0$$

变形后可得：

$$\cos\omega_s = -\tan\delta\tan\varphi$$

则：

$$\omega_s = \arccos(-\tan\delta\tan\varphi) \tag{2-9}$$

由式（2-9）可以求出地面上任何一天、任何地区的日出或日落时角，以及日出和日落时间。

由于日落、日出时间对于午时来说是对称的，因此从日出到日落时角的绝对值是 $2\omega_s$。由于一天 24 个小时是 360°时角，相当于每小时等同于 15°时角，基于式（2-9），可求出任何一天从日出到日落的白天时长 $N$：

$$N = \frac{2}{15}\omega_s = \frac{2}{15}\arccos(-\tan\delta\tan\varphi) \tag{2-10}$$

式中　$N$——任一天的白天时长，h。

② 对于垂直表面，即 $\beta = 90°$，由式（2-3）可以简化为：

$$\cos\theta = -\sin\delta\cos\varphi\cos\gamma + \cos\delta\sin\varphi\cos\omega\cos\gamma + \cos\delta\sin\gamma\sin\omega \tag{2-11}$$

式（2-11）可以用来计算太阳光照射在垂直墙面或窗户上的太阳入射角。

### 2.2.3　跟踪太阳时太阳入射角的计算

对于聚光型太阳能集热器，通常需要跟踪太阳，采用不同的跟踪方式，太阳入射角 $\theta$ 的计算式［式（2-3）］的简化形式也不同。

① 接收面沿东西向的水平轴每天调节一次，以使中午太阳光始终保持与集热器相垂直，此时：

$$\cos\theta = \sin^2\delta + \cos^2\delta\cos\omega \tag{2-12}$$

② 接收面连续沿着东西向的水平轴调节，使太阳入射角持续保持最小，此时：

$$\cos\theta = (1 - \cos^2\delta\sin^2\omega)^{1/2} \tag{2-13}$$

③ 接收面连续沿着南北向的水平轴调节，使太阳入射角持续保持最小，此时：

$$\cos\theta = [(\sin\varphi\sin\delta + \cos\varphi\cos\delta\cos\omega)^2 + \cos^2\delta\sin^2\omega]^{1/2} \tag{2-14}$$

④ 接收面连续沿着平行于地球自转轴方向的南北轴调节，此时：

$$\cos\theta = \cos\delta \tag{2-15}$$

⑤ 接收面沿双轴连续跟踪，始终使太阳光垂直于集热器平面，此时：

$$\cos\theta = 1 \tag{2-16}$$

## 2.3　大气层外水平面上的太阳辐射

计算太阳辐照量时，通常将大气层外、水平面上的辐照量作为参考依据。

由式（2-1）知，任何地区、任何一天、白天的任何时刻，大气层外水平面上的太阳辐照度 $G_o$（W/m$^2$）可由下式计算：

$$G_o = G_{sc}\left[1 + 0.033\cos\left(\frac{360°n}{365}\right)\right]\cos\theta_z \tag{2-17}$$

式中，$G_{sc}$ 为太阳常数，1353W/m$^2$；$n$ 为日子数；$\cos\theta_z$ 可由式（2-6）求得。将它们代入式（2-17），可得

$$G_o = G_{sc}\left[1 + 0.033\cos\left(\frac{360°n}{365}\right)\right](\sin\varphi\sin\delta + \cos\varphi\cos\delta\cos\omega) \tag{2-18}$$

若计算大气层外、水平面上、任何一天的全天太阳辐照量，则需要对式（2-18）从日出

到日落的时间段进行积分，积分后可得：

$$H_o = \frac{24 \times 3600 G_{sc}}{\pi} \left[ 1 + 0.033\cos\left(\frac{360°n}{365}\right) \right]$$
$$\times \left( \cos\varphi\cos\delta\sin\omega_s + \frac{2\pi\omega_s}{360°}\sin\varphi\sin\delta \right) \tag{2-19}$$

式中，$\omega_s$ 为日出或日落时角，可由式（2-9）求出。

若要计算大气层外、水平面上、月平均日全天的辐照量 $\overline{H}_o (MJ/m^2)$，只要根据表 2-1，查出月平均日的日子数 $n$ 和赤纬角 $\delta$，代入式（2-19）计算即可。

大气层外、水平面上、每小时内的太阳辐照量 $I_o (MJ/m^2)$，可通过对式（2-18）在一小时内进行积分求得：

$$I_o = \frac{12 \times 3600}{\pi} G_{sc} \left[ 1 + 0.033\cos\left(\frac{360°n}{365}\right) \right]$$
$$\times \left[ \cos\varphi\cos\delta(\sin\omega_2 - \sin\omega_1) + \frac{2\pi(\omega_2 - \omega_1)}{360°}\sin\varphi\sin\delta \right] \tag{2-20}$$

式中，$\omega_1$、$\omega_2$ 分别代表该小时的起始时角、终了时角，$\omega_2 > \omega_1$。

若 $\omega_1$ 和 $\omega_2$ 之间的时间区间不是一个小时，则在 $\omega_1$ 至 $\omega_2$ 时间段中得到的太阳辐照量仍可通过对式（2-18）进行积分求得。

## 2.4　大气对太阳辐射的影响

### 2.4.1　大气的吸收、散射和反射

大气层厚度约为 30km，它虽然不及地球直径的 1/400，却会对太阳辐照量和辐射分布产生显著的影响。太阳辐射在穿过地球大气层时，与大气层中的空气分子、水蒸气和尘埃等相互作用，使其中一部分被吸收，一部分被反射，另一部分被散射，这使得最终到达地面的太阳辐射衰减，但是衰减后的太阳辐射功率仍然较大，每年约为 $85 \times 10^{12} kW$，是全世界年发电量的几十万倍。

（1）吸收作用

太阳辐射经过大气层后，总辐射能有明显减弱，且辐射能随波长的分布变得很不规则，波长短的辐射能减弱最明显，这是因为大气中的一些组分具有选择性吸收部分波长辐射能的特性。大气中的臭氧、氧、水蒸气、液态水、尘埃和二氧化碳等都能直接吸收一部分太阳辐射。臭氧可以吸收大部分紫外光辐射，氧只对波长小于 $0.2\mu m$ 的紫外光的吸收很强，二氧化碳、水蒸气和其他气体可以吸收大部分红外光。

臭氧在紫外区和可见光区都有吸收带，在 $0.2 \sim 0.3\mu m$ 波段吸收能力很强，使得大部分紫外光无法到达地面，从而使得地球上的生物免受紫外线过度辐射的伤害。虽然臭氧在可见光区的吸收能力不强，但是因为太阳辐射能量大多位于这一波段内，所以吸收的太阳辐射相当多。大气中的水滴、尘埃等悬浮物，也可以吸收太阳辐射，如在雾霾、火灾、火山爆发、沙尘暴等条件下，太阳辐射明显减弱。

被大气成分吸收的太阳辐射能量约占大气上界太阳辐射总能量的 19%，被吸收的能量转化为热能不再到达地面。由于大气成分吸收的太阳辐射范围多位于太阳辐射光谱的两端，

对可见光吸收较少，因此大气对可见光部分几乎是透明的。

（2）散射作用

当太阳辐射通过大气时，大气中的空气分子、水蒸气和灰尘等会使太阳辐射能的一部分改变传播方向，散向四面八方，称为散射，也叫漫射。散射与吸收不同，它不会把辐射能转化为热能，而仅仅改变了辐射的方向，使直射光变为漫射光，其中有一部分返回了宇宙空间。散射对太阳辐射的影响一般分为两种，一种是分子直径小于辐射波长，此时散射能力与波长的四次方成反比，这种散射是有选择性的，称为分子散射，也称瑞利散射；另一种是大气中水滴、灰尘等微粒的直径大于太阳辐射的波长所发生的散射，这种散射对各种波长的辐射具有相同的散射能力，没有选择性，称为粗粒散射，也称米（Mie）散射。

当天气晴朗、空气质量较好时，主要发生分子散射，辐射中波长较短的紫外光被散射得多，此时天空呈蓝色。当天空多云、空气质量较差时，主要发生粗粒散射，此时天空呈灰色。

（3）反射作用

大气中的云层和灰尘等，都能反射太阳辐射，使一部分辐射返回宇宙空间。云层等反射的辐射通量约占总辐射通量的20％。

大气影响太阳辐射的三种方式中，反射作用最明显，散射作用次之，吸收作用最小。在这三种影响共同作用下，最终地面接收到的太阳辐射通量只有大气层外的一半左右。

## 2.4.2 大气质量

到达地面的太阳辐照量与太阳辐射通过大气层的实际路径长短有关。路径越长，太阳辐射被大气吸收、反射、散射的量越多，到达地面的辐照量越少。

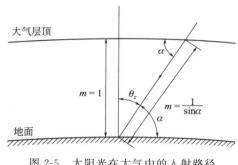

图 2-5　太阳光在大气中的入射路径

把太阳直射光线通过大气层时的实际光学厚度与大气层法向厚度之比定义为大气质量，以符号 $m$ 表示。太阳光在大气中的入射路径见图 2-5 所示。

2.2.1 节中已定义过太阳高度角 $\alpha$ 和天顶角 $\theta_z$，两者之间的关系是 $\alpha = 90° - \theta_z$。

当 $\theta_z = 0°$ 时，太阳在天顶最高处，$\alpha = 90°$，$m = 1$；当 $\theta_z = 60°$ 时，$\alpha = 30°$，$m = 2$；当 $\theta_z = 90°$ 时，即日出或日落时刻，$\alpha = 0°$，$m = \infty$。可见，$\alpha$ 越小，$m$ 越大，地面接收到的太阳辐照量就越少。

夏至时，在北回归圈上，$\delta = \varphi$，午时 $\alpha = 90°$，$m = 1$，阳光最强烈。这天，北极的 $\alpha = 23.5°$，全天日照 24 小时，但 $m \approx 2.5$，因此地面上获得的太阳辐照量少，加上冰雪对阳光的高反射率和低吸收率，因此造成北极的气温很低。

$$m = \sec\theta_z = \frac{1}{\sin\alpha} \quad (0° < \alpha < 90°) \tag{2-21}$$

## 2.4.3 大气透明度

大气透明度 $\tau$，也叫浑浊度，是大气性能的另一项衡量指标。大气透明度受到气象条件、海拔高度、大气质量、大气组分（如水汽和气溶胶含量）等多因素影响。1976 年，Hottle 提出适用于大气能见度 23km 的大气透明度计算模型，其直射辐射大气透明度 $\tau_b$ 的计算表达式为：

$$\tau_{b} = a_0 + a_1 e^{-k/\cos\theta_z} \tag{2-22}$$

式中，$a_0$，$a_1$ 和 $k$ 是具有 23km 能见度时的大气物理常数；下标"b"表示直射辐射。当海拔高度（$A$）小于 2.5km 时，可用下式先计算出 $a_0^*$，$a_1^*$ 和 $k^*$：

$$a_0^* = 0.4237 - 0.00821(6 - A)^2 \tag{2-23}$$

$$a_1^* = 0.5055 - 0.00595(6.5 - A)^2 \tag{2-24}$$

$$k^* = 0.2711 + 0.01858(2.5 - A)^2 \tag{2-25}$$

再用表 2-2 查找气候类型的修正系数 $r_0$、$r_1$ 和 $r_k$，最后根据 $r_0 = \dfrac{a_0}{a_0^*}$，$r_1 = \dfrac{a_1}{a_1^*}$，$r_k = \dfrac{k}{k^*}$ 求出 $a_0$，$a_1$ 和 $k$。

表 2-2　气候类型的修正系数

| 气候类型 | $r_0$ | $r_1$ | $r_k$ |
|---|---|---|---|
| 亚热带 | 0.95 | 0.98 | 1.02 |
| 中等纬度，夏天 | 0.97 | 0.99 | 1.02 |
| 高纬度，夏天 | 0.99 | 0.99 | 1.01 |
| 中等纬度，冬天 | 1.03 | 1.01 | 1.00 |

散射辐射的大气透明度计算式为：

$$\tau_d = 0.2710 - 0.2939\tau_b \tag{2-26}$$

式中，$\tau_d$ 为散射辐射的大气透明度；下标"d"表示散射辐射；如果下标不出现"b"或"d"，则表示总辐射，此下标表示法后同。

云层对太阳辐射有明显的吸收和反射作用。表 2-3 给出了不同云层在不同的大气质量下对太阳辐射的影响，按照云量占天空面积的比例来划分，把云量分为 10 个等级（0~10）。

表 2-3　全天云与全天晴相比时辐照量所占的比例　　　　　　单位：%

| 大气质量 $m$ | 绢云 | 绢层云 | 高积云 | 高层云 | 层积云 | 层云 | 雾 |
|---|---|---|---|---|---|---|---|
| 1.1 | 85 | 84 | 52 | 41 | 35 | 25 | 17 |
| 1.5 | 84 | 81 | 51 | 41 | 34 | 25 | 17 |
| 2.0 | 84 | 78 | 50 | 41 | 34 | 25 | 17 |
| 2.5 | 83 | 74 | 49 | 41 | 33 | 25 | 18 |
| 3.0 | 83 | 71 | 47 | 41 | 32 | 24 | 18 |
| 3.5 | 81 | 68 | 46 | 41 | 31 | 24 | 18 |
| 4.0 | 80 | 65 | 45 | 41 | 31 | — | 18 |
| 4.5 | — | — | — | — | 30 | — | 19 |
| 5.0 | — | — | — | — | 29 | — | 19 |

到达接收面上的太阳辐照量受许多因素影响，其中天文、地理因素包括：日地距离、赤纬角、太阳时角、地理纬度、海拔高度等；大气因素包括：云量、大气透明度、大气污染度、气候等；接收面的因素包括：接收面的倾斜角、方位角、是否聚光、是否受到遮挡，以及吸收涂层的性能等。附录 1 给出了我国主要城市各月的设计用气象参数。

## 2.5　太阳辐射分量的测量

　　到达地面的太阳辐射可以分为两部分，一部分太阳光以平行光的形式直接射到地面上，称为太阳直射辐射；另一部分是经过散射后到达地面的，称为散射辐射；两者之和就是到达地面的太阳总辐射。

　　在太阳能利用中，常常需要测定太阳的直射辐射和总辐射，采用的测量仪器有直射辐射仪和总辐射仪，它们的设计区别是接收的太阳辐射来自天空中不同的路径，测量原理多种多样，主要为热电型，而采用光谱技术的光谱辐射仪更具有发展前景。

　　埃氏补偿式直射仪是一种测量太阳直射辐射强度的仪器，它采用两个涂黑的吸热片，其中一个吸收太阳辐射，另一个不接收太阳辐射，通过电加热达到和接收太阳辐射吸热片相同的温度，加热电流的平方和太阳辐射能成正比，通过仪器校准，就可以测量太阳直射强度。直射辐射表由于视角狭小，需要安装在自动太阳跟踪装置上。图 2-6 是埃氏补偿式直射仪。直射辐射表测量是否准确，取决于视场和跟踪器的对准程度，这一般由一个瞄准装置确定。环日辐射大小也会对准确程度造成影响，其与大气气溶胶和其他大气成分有关。

　　总辐射仪视场为半球或"鱼眼"状，一般为水平安装。测量时，仪器可以接收到整个天空的太阳辐射，周围最好没有障碍物。热电总辐射仪采用具有黑色涂层的热电偶传感器，内外均带有球形玻璃罩。底盘配有调节脚、干燥剂和水平气泡。感应表面接收太阳辐射时，辐射能转化为热量，热电偶两端产生的温差，产生与太阳辐射测量值成比例的电压信号，校正系数可以测量太阳总辐射。总辐射仪台面玻璃通常有两层，主要采用透光率在 0.90 以上、可以通过 $300\sim3000nm$ 的波长范围短波辐射、对紫外线辐射和红外辐射具有隔离功能的石英玻璃或钠钙玻璃。图 2-7 所示为国产 FS-S6 热电总辐射仪。

图 2-6　埃氏补偿式直射仪

图 2-7　FS-S6 热电总辐射仪

## 2.6　地表水平面上的太阳辐射计算

### 2.6.1　月平均日水平面上的辐照量

$$\overline{H}=\overline{H}_{0}\left(a+b\,\frac{\overline{n}}{N}\right)$$

（2-27）

式中  $\overline{H}$ ——月平均日、地表水平面上的太阳辐照量，$MJ/m^2$；

$\overline{H}_o$ ——月平均日、大气层外水平面上的太阳辐照量，$MJ/m^2$；

$\overline{n}$ ——月平均日照时数，h；

$\overline{N}$ ——月平均日的日照时数，h；

$a$、$b$ ——根据气象辐射数据拟合得到的修正常数。

表 2-4 给出了部分城市的修正常数。

**表 2-4  部分城市修正常数 $a$ 和 $b$ 的值**

| 城市 | $a$ | $b$ | 城市 | $a$ | $b$ |
|---|---|---|---|---|---|
| 海口 | 0.18 | 0.61 | 广州 | 0.16 | 0.63 |
| 南宁 | 0.17 | 0.60 | 福州 | 0.15 | 0.64 |
| 赣州 | 0.18 | 0.61 | 汉口 | 0.19 | 0.59 |
| 上海 | 0.18 | 0.61 | 成都 | 0.21 | 0.56 |
| 腾冲 | 0.21 | 0.62 | 郑州 | 0.19 | 0.65 |
| 西安 | 0.17 | 0.65 | 昆明 | 0.15 | 0.67 |
| 威宁 | 0.15 | 0.71 | 丽江 | 0.21 | 0.66 |
| 峨眉山 | 0.20 | 0.76 | 西宁 | 0.18 | 0.75 |
| 昌都 | 0.20 | 0.82 | 拉萨 | 0.29 | 0.74 |
| 玉树 | 0.17 | 0.83 | 那曲 | 0.17 | 0.80 |

## 2.6.2  标准晴天水平面上的辐照量

太阳辐照量是太阳能光热、光伏系统设计中首先需要确定的重要参数。在缺乏实测辐射数据的情况下，一般是通过查阅大型气象台站数据，获得水平面上的总辐射，然后将它分解为直射辐射和散射辐射，最后转换到处于不同方位的接收面上。

2.5 节内容中已给出标准晴空大气透明度的计算模型，用它不难求出晴天水平面上的辐照度：

$$G_{c,n,b} = G_{o,n}\tau_b \tag{2-28}$$

式中  $G_{c,n,b}$ ——晴天、接收面法线方向上的直射辐照度，下角标"c"表示晴天，$W/m^2$；

$G_{o,n}$ ——大气层外、接收面法线方向上的总辐照度，可通过式（2-1）计算，$W/m^2$；

$\tau_b$ ——晴天、直射辐射的大气透明度，可用式（2-22）～式（2-25）及表 2-2 计算。

晴天、地面水平面上的直射辐照度 $G_{c,b}$：

$$G_{c,b} = G_{o,n}\tau_b\cos\theta_z \tag{2-29}$$

晴天、一小时内、地面水平面上的直射辐照量：

$$I_{c,b} = I_{o,n}\tau_b\cos\theta_z = 3600G_{c,b} \tag{2-30}$$

地面水平面上的散射辐照度：

$$G_{c,d} = G_{o,n}\tau_d\cos\theta_z \tag{2-31}$$

晴天、一小时内、地面水平面上的散射辐照量：

$$I_{c,d} = I_{o,n}\tau_d\cos\theta_z = 3600G_{c,d} \tag{2-32}$$

晴天、一小时内、地面水平面上的总辐照量：

$$I_c = I_{c,b} + I_{c,d} \tag{2-33}$$

把晴天、地面水平面上各小时的辐照量 $I_{c,i}$ 加起来，可以计算出其全天的总辐照量 $H_c$，即 $H_c = \sum_{i=1}^{N} I_{c,i}$

大气透明度 $\tau_b$ 和 $\tau_d$ 都是大气质量 $m = 1/\cos\theta_z$ 的函数，而天顶角 $\theta_z$ 是随着时间不断变化的，因此实质上 $\tau_b$ 和 $\tau_d$ 也是随着时间变化的。

考虑到计算精度，计算每小时的辐照量时，建议取该小时的中点所对应的时角 $\omega$ 来计算。

可以采用月平均日、晴天、水平面上的全天辐照量 $\overline{H}_c$ 作为计算月平均日、水平面上全天辐照量 $\overline{H}$ 的起始数据，所用的计算公式就是著名的 Angstrom 回归公式，其形式与式 (2-27) 相同，只是系数不同，即：

$$\frac{\overline{H}}{\overline{H}_c} = a' + b'\frac{\overline{n}}{N} \tag{2-34}$$

## 2.6.3　晴空指数

晴空指数，也称为云量指数，是衡量天气好坏的又一个指标。晴空指数又分为全天的晴空指数，以及一小时的晴空指数。

(1) 月平均日的晴空指数 $\overline{K}_T$

$\overline{K}_T$ 是指月平均日、地面水平面上的全天辐照量与大气层外水平面上的全天辐照量之比，即：

$$\overline{K}_T = \frac{\overline{H}}{\overline{H}_o} \tag{2-35}$$

(2) 一天的晴空指数 $K_T$

$K_T$ 是指某一天地面水平面上的辐照量与同一天大气层外水平面上的辐照量之比，即：

$$K_T = \frac{H}{H_o} \tag{2-36}$$

(3) 晴空指数 $k_T$

$k_T$ 是指某一小时地面水平面上的辐照量与同一小时大气层外水平面上的辐照量之比，即：

$$k_T = \frac{I}{I_o} \tag{2-37}$$

(4) 晴空指数 $k_{T,c}$

$k_{T,c}$ 是指某一小时地面水平面上的辐照量与同一小时、晴天、地面水平面上的辐照量之比，即：

$$k_{T,c} = \frac{I}{I_c} \tag{2-38}$$

式中，$\overline{H}$，$H$ 和 $I$ 可以用总辐射仪在地面水平面上实测得到；$\overline{H}_o$，$H_o$ 和 $I_o$ 可用 2.3 节中的公式计算；$I_c$ 可用式 (2-33) 计算。上述数据，除计算外，一般可以从大型气象网站上查得。

　　水平面上的总辐射是直射辐射和散射辐射之和，该关系在太阳能应用中具有实际意义。首先，将水平面上的辐射数据转换到倾斜平面时，需要对直射辐射和散射辐射进行分别处理。其次，对于聚光型集热器，由于散射辐射不能聚焦，因此其中只有直射辐射可以被利用。将总辐射分解成直射辐射和散射辐射方法的实质，是在大量统计实验数据的基础上，建立散射辐射的占比与晴空指数之间的关联式。下面介绍四种此类关联式。

　　（1） $k_T = I/I_o$ 与 $I_d/I$

　　计算公式为：

$$\frac{I_d}{I} = \begin{cases} 1.0 - 0.249 k_T, & k_T \leqslant 0.35 \\ 1.557 - 1.84 k_T, & 0.35 < k_T < 0.75 \\ 0.177, & k_T \geqslant 0.75 \end{cases} \tag{2-39}$$

　　（2） $k_{T,c} = I/I_c$ 与 $I_d/I$

　　计算公式为：

$$\frac{I_d}{I} = \begin{cases} 1.00 - 0.1 k_{T,c}, & 0 \leqslant k_{T,c} < 0.48 \\ 1.11 - 0.0396 k_{T,c} - 0.789 (k_{T,c})^2, & 0.48 \leqslant k_{T,c} < 1.10 \\ 0.20, & k_{T,c} \geqslant 1.10 \end{cases} \tag{2-40}$$

　　（3） $K_T = H/H_o$ 与 $H_d/H$

　　计算公式为：

$$\frac{H_d}{H} = \begin{cases} 0.99, & K_T \leqslant 0.17 \\ 1.188 - 2.272 K_T + 9.473 K_T^2 - 21.865 K_T^3 + 14.648 K_T^4, & 0.17 < K_T \leqslant 0.75 \\ -0.54 K_T + 0.632, & 0.75 < K_T < 0.80 \\ 0.2, & K_T \geqslant 0.80 \end{cases} \tag{2-41}$$

　　（4） $\overline{K}_T = \overline{H}/\overline{H}_o$ 与 $\overline{H}_d/\overline{H}$

　　计算公式为：

$$\frac{\overline{H}_d}{\overline{H}} = 0.775 + 0.00653(\omega_s - 90) - [0.505 + 0.00455(\omega_s - 90)]\cos(115\overline{K}_T - 103) \tag{2-42}$$

## 2.6.4　由日辐照总量估算小时辐照量

　　假如已知日辐照总量，想由此推算出每小时的辐照量很难，这是因为每天的天气情况多变，总辐照量可由全天的各种天气下的辐射组成，每小时的辐照量差别很大。以下介绍的方法是根据气象站的大量统计数据，用月平均日的辐射来推算每小时的辐照量，在晴天条件该方法的计算结果和实际情况比较吻合。

　　一小时的辐照量与月平均日水平上的辐照量之比定义为 $r_t$，其计算公式为：

$$r_t = \frac{I}{H} = \frac{\pi}{24}(a + b\cos\omega)\frac{\cos\omega - \cos\omega_s}{\sin\omega_s - \left(\dfrac{2\pi\omega_s}{360°}\right)\cos\omega_s} \tag{2-43}$$

$$\left.\begin{array}{l} a = 0.409 + 0.5016\sin(\omega_s - 60°) \\ b = 0.6609 - 0.4767\sin(\omega_s - 60°) \end{array}\right\} \tag{2-44}$$

式中，$\omega$ 是太阳时角；$\omega_s$ 是日出或日落时角。

用 $r_d$ 表示一小时的散射辐射与全天的总散射辐射之比，它的表达式与式（2-43）类似，即：

$$r_d = \frac{I_d}{H_d} = \frac{\pi}{24} \frac{\cos\omega - \cos\omega_s}{\sin\omega_s - \left(\dfrac{2\pi\omega_s}{360°}\right)\cos\omega_s} \tag{2-45}$$

## 2.7　地表倾斜面上的太阳辐射计算

前文讨论的月平均日或每小时的辐照量都是指水平面上接收到的辐照量。而集热器和光伏板在实际使用中大多是倾斜安装，其倾斜角一般取与当地纬度相等的数值，即 $\beta = \varphi$，前人的研究表明，在此安装角度下，接收面上全年得到的太阳辐照量接近最大值。

倾斜面上每小时得到的太阳辐照量 $I_T$，一般是通过计算出每小时水平面上接收到的太阳辐照量 $I$，再乘以总修正因子 $R$ 后得到的。因此，总修正因子 $R$ 表示每小时倾斜面和水平面上太阳总辐射之比，$R$ 与直射辐射的修正因子 $R_b$，散射辐射的修正因子 $R_d$，地面反射的修正因子 $R_\rho$ 等有关，下面对其进行逐一介绍。

首先讨论直射辐射的转换。定义倾斜面和水平面上接收到的直射辐照量之比为修正因子 $R_b$，其表示如下：

$$R_b = \frac{G_{b,t}}{G_b} = \frac{G_{b,n}\cos\theta}{G_{b,n}\cos\theta_z} = \frac{\cos\theta}{\cos\theta_z} \tag{2-46}$$

若接收面在北半球面朝正南方向放置，则方位角 $\gamma = 0°$，将式（2-4）和式（2-6）代入式（2-46）得：

$$R_b = \frac{\cos(\varphi - \beta)\cos\delta\cos\omega + \sin(\varphi - \beta)\sin\delta}{\cos\varphi\cos\delta\cos\omega + \sin\varphi\sin\delta} \tag{2-47}$$

散射辐射包括来自天空的太阳散射辐射，以及直射辐射照射到达地面后反射回来的散射辐射。直射辐射转换时有修正因子 $R_b$；散射辐射的修正因子用 $R_d$ 表示；$\rho$ 表示地面对辐射的反射率，普通地面取 $\rho = 0.2$，积雪面取 $\rho = 0.7$。

假设散射辐射是各向同性的，接收面对散射辐射的修正因子可表示为 $R_d = (1 + \cos\beta)/2$，其中 $\beta$ 为接收面的倾斜角；接收面对地面反射的修正因子可表示为 $R_\rho = (1 - \cos\beta)/2$，则：

$$I_T = I_b R_b + I_d R_d + (I_b + I_d)\rho R_\rho \tag{2-48}$$

$$I_T = I_b R_b + I_d\left(\frac{1 + \cos\beta}{2}\right) + (I_b + I_d)\rho\left(\frac{1 - \cos\beta}{2}\right) \tag{2-49}$$

式中，下标"T"表示倾斜平面。

由此，$R$ 可表示为：

$$R = \frac{I_T}{I} = \frac{I_b R_b}{I} + \frac{I_d}{I}\left(\frac{1 + \cos\beta}{2}\right) + \left(\frac{1 - \cos\beta}{2}\right)\rho \tag{2-50}$$

以上介绍了太阳辐射的计算公式，其计算方法比较复杂。计算倾斜接收面上一个小时接收的太阳辐照量 $I_T$，有多种计算方法和步骤，其中一种是：①由公式计算或查气象网站数据得到 $\overline{H}_o$、$\overline{H}$；②用式（2-42）计算 $\overline{H}_d/\overline{H}$；③用式（2-43）和式（2-45）求 $r_t$ 和 $r_d$；④用式（2-49）求 $I_T$。

　　计算过程中，需要的其他参数可采用本章介绍的相关公式计算，部分数据可在大型气象网站上查找。

　　[例 2-1] 已知西安 6 月 10 日水平面上的总辐照量是 $17\mathrm{MJ/m}^2$，当地纬度 $\varphi$ 为北纬 $34°$，太阳常数 $G_{sc}=1353\mathrm{W/m}^2$。试求下午 1 点至 2 点间水平面上的总辐照量、直射辐照量和散射辐照量。

　　解：由题知，全天辐照量 $H=17\mathrm{MJ/m}^2$，纬度 $\varphi=34°\mathrm{N}$，太阳时角 $\omega=22.5°$，太阳常数 $G_{sc}=1353\mathrm{W/m}^2$。

　　由表 2-1 知，6 月 10 日在一年中的日子数 $n=151+10=161$

　　由式（2-2）可知 6 月 10 日的赤纬角 $\delta$：

$$\delta=23.45°\sin(360°\times\frac{284+161}{365})=23.01°$$

　　由式（2-9）计算得日出日落时角 $\omega_s$：

$$\omega_s=\arccos(-\tan\delta\tan\varphi)=\arccos[-\tan(23.01°)\tan34°]=106.65°$$

　　由式（2-19）可得大气层外、水平面上、6 月 10 日的全天辐照量 $H_o$：

$$H_o=\frac{24\times3600\times1353}{\pi}\left[1+0.033\cos\left(\frac{360°\times161}{365}\right)\right][\cos34°\cos(23.01°)\sin(106.65°)$$

$$+\frac{2\pi\times106.65°}{360°}\sin34°\sin(23.01°)]=41.04(\mathrm{MJ/m}^2)$$

　　根据全天辐照量计算下午 1 点至 2 点水平面上的辐照量：

　　由式（2-44）得系数 $a=0.409+0.5016\sin(106.65°-60°)=0.77$

$$b=0.6609-0.4767\sin(106.65°-60°)=0.31$$

　　代入式（2-43）可得：$r_t=\dfrac{I}{H}=\dfrac{\pi}{24}(a+b\cos\omega)\dfrac{\cos\omega-\cos\omega_s}{\sin\omega_s-\left(\dfrac{2\pi\omega_s}{360°}\right)\cos\omega_s}=0.112$

　　则下午 1 点至 2 点水平面上的总辐照量 $I=0.112\times H=0.112\times17=1.90(\mathrm{MJ/m}^2)$

　　计算散射辐照量和直射辐照量

　　由式（2-36）得晴空指数 $K_T$：

$$K_T=\frac{H}{H_o}=\frac{17}{41.04}=0.41$$

　　因 $0.17<K_T=0.41<0.75$，由式（2-41）得：

$$\frac{H_d}{H}=1.188-2.272\times0.41+9.473\times0.41^2-21.865\times0.41^3+14.648\times0.41^4=0.76$$

　　则全天的总散射辐射 $H_d=0.76\times H=0.76\times17=12.92(\mathrm{MJ/m}^2)$

　　由式（2-45）知 $r_d=\dfrac{I_d}{H_d}=\dfrac{\pi}{24}\dfrac{\cos\omega-\cos\omega_s}{\sin\omega_s-\left(\dfrac{2\pi\omega_s}{360°}\right)\cos\omega_s}=0.106$

　　则下午 1 点至 2 点的散射辐照量 $I_d=0.106\times12.92=1.37(\mathrm{MJ/m}^2)$

　　直射辐照量 $I_b=I-I_d=0.53(\mathrm{MJ/m}^2)$

　　[例 2-2] 有一个朝向正西方向的阳台，在其外壁下方垂直地面铺设 $3\mathrm{m}^2$ 太阳能光伏板，设光伏板的光电转化效率为 $20\%$，当地纬度 $\varphi$ 为北纬 $34°$。试计算在 10 月 22 日，太阳时下

午 2:00 至 3:00，太阳能光伏板所产生的电能。已知太阳常数 $G_{sc}=1353\mathrm{W/m^2}$，当天全天辐照量是 $18\mathrm{MJ/m^2}$。

**解：** 由题知，全天辐照量 $H=18\mathrm{MJ/m^2}$；当地纬度 $\varphi=34°\mathrm{N}$；方位角 $\gamma=90°$；接收面的倾斜角 $\beta=90°$；太阳时角 $\omega$ 取 $37.5°$。

由表 2-1 知，10 月 22 日在一年中的日子数 $n=273+22=295$

由式（2-2）可知 10 月 22 日的赤纬角 $\delta$：

$$\delta=23.45°\sin(360°\times\frac{284+295}{365})=-12.1°$$

由式（2-3）可得太阳入射角 $\theta$：

$$\cos\theta=\cos(-12.1°)\sin(37.5°)=0.60$$

由式（2-6）可得天顶角 $\theta_z$：

$$\cos\theta_z=\sin\delta\sin\varphi+\cos\delta\cos\varphi\cos\omega$$
$$=\sin(-12.1°)\sin(34°)+\cos(-12.1°)\cos(34°)\cos(37.5°)=0.53$$

日出日落时角 $\omega_s$ 可由式（2-9）计算得：

$$\omega_s=\arccos(-\tan\delta\tan\varphi)=\arccos[-\tan(-12.1°)\tan34°]=81.69°$$

由式（2-19）可得大气层外、水平面上、10 月 22 日的全天辐照量 $H_o$：

$$H_o=\frac{24\times3600\times1353}{\pi}(1+0.033\cos\frac{360°\times295}{365})[\cos34°\cos(-12.1°)\sin(81.69°)$$
$$+\frac{2\pi\times81.69°}{360°}\sin34°\sin(-12.1°)]=24.25(\mathrm{MJ/m^2})$$

由式（2-36）得晴空指数 $K_T$：$K_T=\frac{H}{H_o}=\frac{18}{24.25}=0.74$

因 $0.17<K_T=0.74<0.75$，由式（2-41）得：

$$\frac{H_d}{H}=1.188-2.272\times0.74+9.473\times0.74^2-21.865\times0.74^3+14.648\times0.74^4=0.23$$

则全天的总散射辐射 $H_d=0.23\times H=0.23\times18=4.14(\mathrm{MJ/m^2})$

由式（2-44）得系数 $a=0.409+0.5016\sin(81.69°-60°)=0.594$

$$b=0.6609-0.4767\sin(81.69°-60°)=0.485$$

代入式（2-43）可得：$r_t=\frac{I}{H}=\frac{\pi}{24}(a+b\cos\omega)\dfrac{\cos\omega-\cos\omega_s}{\sin\omega_s-\left(\frac{2\pi\omega_s}{360}\right)\cos\omega_s}=0.106$

则一小时的辐照量 $I=0.106\times H=0.106\times18=1.91(\mathrm{MJ/m^2})$

由式（2-45）知 $r_d=\dfrac{I_d}{H_d}=\dfrac{\pi}{24}\dfrac{\cos\omega-\cos\omega_s}{\sin\omega_s-\left(\frac{2\pi\omega_s}{360°}\right)\cos\omega_s}=0.1084$

则一小时的散射辐照量 $I_d=0.1084\times4.14=0.449(\mathrm{MJ/m^2})$

一小时的直射辐照量 $I_b=I-I_d=1.461(\mathrm{MJ/m^2})$

可由式（2-46）求得修正因子 $R_b$：

$$R_b=\frac{\cos\theta}{\cos\theta_z}=\frac{0.6}{0.53}=1.13$$

由式（2-49）可得太阳能光伏板一小时所接收到的太阳辐照量 $I_T$：

$$I_T = I_b R_b + I_d \left( \frac{1+\cos\beta}{2} \right) + (I_b + I_d)\rho \left( \frac{1-\cos\beta}{2} \right)$$

$$= 1.461 \times 1.132 + 0.449 \times \frac{1+\cos 90°}{2} + (1.461 + 0.449) \times 0.2 \times \frac{1-\cos 90°}{2}$$

$$= 2.07(\text{MJ/m}^2)$$

则在 10 月 22 日，太阳时下午 2:00 至 3:00，太阳能光伏板所产生的电能为：

$$G = 2.07 \times 3 \times 0.2 = 1.24(\text{MJ})$$

# 第 3 章
# 太阳能集热器

太阳能集热器是太阳能热利用系统中的主要设备,其作用是收集太阳辐射,并将辐射能转变为热能,再将热能传递给被加热流体。常用的被加热流体是水或空气,有时是低冰点的防冻液。因此,可以说太阳能集热器是具有集热功能的特殊形式的换热器。

虽然太阳能集热器不是直接面向消费者的终端产品,但在太阳能热水器、主动式太阳能暖房、太阳能制冷、太阳能热发电、太阳能干燥、太阳能海水淡化等太阳能热利用系统中,太阳能集热器都是其核心部件。

本章将重点介绍几种常用太阳能集热器的结构、特点及其性能分析。

## 3.1 集热器的分类

太阳能集热器的类型有多种,其分类方法也有多种,包括:①按照传热工质的类型分为液体集热器和空气集热器;②按照太阳辐射进入集热器后改变方向与否分为聚光型集热器和非聚光型集热器;③按照集热器内是否有真空空间分为平板集热器与真空管集热器;④按照被加热流体的工作温度分为低温集热器(加热温度≤100℃)、中温集热器(加热温度100～200℃)和高温集热器(加热温度＞200℃);⑤按照集热器是否跟踪太阳分为跟踪型集热器与非跟踪型集热器。

## 3.2 平板集热器

### 3.2.1 概述

平板集热器发明于17世纪后期,是迄今为止使用历史最长的太阳能集热器,在低温范围内,其经济性远比聚光型集热器好。

在20世纪60年代,经过科研人员的深入研究,平板集热器得到规模化应用。目前平板集热器技术成熟,广泛应用于人民生活、工业、建筑采暖及空调等领域。平板式空气集热器的主要优点是:结构简单,生产成本较低;能同时吸收太阳的直射和散射辐射;工作可靠,运行安全,所需维护少;在同样条件下其实际采光面积比真空管的采光面积大30％～40％;工质在管道内流动,可使用防冻液,可承压运行;由于平板集热器不具备聚集阳光的功能,因此集热密度低,加热后的工质温度一般小于80℃;不需要太阳能跟踪装置。目前,平板集热器在我国低温太阳能集热器市场中的占比约为20％,仅次于真空管集热器。而在其他国家,平板集热器是低温太阳能集热器市场的主导产品,约占市场份额的80％。

由于平板集热器的瞬时集热效率一般在50％左右,未来对平板集热器的研究和改进将主要从减少透明盖板反光率,降低表面散热量,提高吸热体上选择性吸收涂层的吸收率,强化吸热板传热，使用透光性好、强度高的透明盖板材料，加强集热器密封以减少泄漏等方面着手。

## 3.2.2　结构及特点

平板集热器主要由吸热体、透明盖板、保温层及外壳组成，其结构如图 3-1 所示，实物图如图 3-2 所示。

平板集热器的工作原理是，太阳辐射穿过透明盖板后投射在吸热体上，被吸热体表面的选择性吸收涂层吸收并转化为热能，热能传给管内工质，使工质被加热并将热量输出。吸热体温度升高后，以导热、对流和辐射的方式向集热器周围环境散热，造成集热器的热量损失。

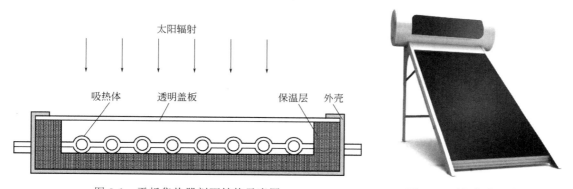

图 3-1　平板集热器剖面结构示意图　　　　　图 3-2　平板集热器实物图

（1）吸热体

吸热体是平板集热器的关键部件，它的表面涂有选择性吸收涂层，其作用是吸收太阳能，并将太阳能转变为热能，再将热能传递给被加热的工质。吸热体的性能很大程度上决定着平板集热器的性能，因此要求吸热体对太阳辐射的吸收率高，热传递性能好，与传热工质的相容性好，具有一定的承压能力，加工简单，生产成本低，便于批量生产和应用等。

① 吸热体的结构形式。根据国家标准 GB/T 6424—2021，平板集热器根据吸热体的结构类型不同，可分为四个种类：管板式、翼管式、扁盒式和蛇管式，此外还有塑料圆管式等，详见图 3-3 所示。

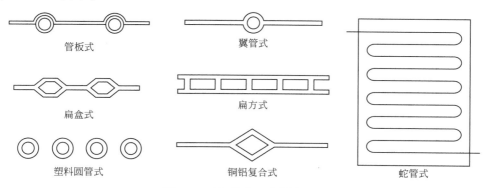

图 3-3　吸热体的几种结构形式

a. 管板式吸热体是将排管与平板以一定方式连接，构成吸热条带，再与上、下集管焊接成的吸热体。这是目前国内外普遍使用的吸热体结构形式。目前排管与平板的结合方式主要有热碾压吹胀、高频焊接、超声焊接等，要求排管与平板的接触面尽可能小。具有代表性的管板式吸热体有全铜吸热体，其优点是导热性能好，几乎无接触热阻，热效率高，铜管不易被腐蚀，水质清洁，铜管耐压能力强。

b. 翼管式吸热体是利用模具挤压拉伸工艺制成金属管两侧连有翼片的吸热条带，然后与上、下集管焊接成的吸热体。吸热体材料一般采用铝合金。该吸热体的优点是管子与平板是一体的，无接触热阻，热效率高，铝合金管耐压能力强。缺点是铝合金会被腐蚀，水质不易保证，材料用量大，动态特性差。

c. 扁盒式吸热体是将两块金属板分别模压成型，然后再焊接成一体构成的吸热体。吸热体材料可采用不锈钢、铝合金、镀锌钢等。通常，流道之间采用点焊工艺，吸热体四周采用滚焊工艺。该吸热体的优点是热效率高，不需要焊接集管，无结合热阻。缺点是焊接工艺难度大，容易出现焊接穿透或焊接不牢的问题，耐压能力差，动态特性差，水质不易得到保证。

d. 蛇管式吸热体是将金属管弯曲成蛇形，然后再与平板焊接构成的吸热体。这种类型的吸热体在国外使用较多。吸热体材料一般采用铜，焊接工艺可采用高频焊接或超声焊接。该吸热体的优点是无结合热阻，热效率高，不需要另外焊接集管，减少泄漏的可能性，铜管不会被腐蚀，水质清洁，耐压能力强。缺点是串联流体通道，流动阻力大，焊接工艺难度大。

② 吸热体的材料。吸热体的材料种类很多，目前国内大量采用铜作为吸热体的材料，除此之外，还采用铝合金、铜铝合金、不锈钢、塑料和橡胶等。其中用塑料等非金属材料替代金属材料制作吸热体的集热器称为非金属平板集热器，这种集热器具有重量较低、材料成本低、集热管路耐腐蚀、与建筑结合性较好的优点，具有很大的应用潜力。

③ 选择性吸收涂层。吸热体的吸热性能是决定集热器集热性能的关键因素之一。为了提高对太阳辐射的吸收率 $\alpha$，在吸热体表面涂上深色、高吸收率的太阳能吸收涂层。吸收涂层分两类，即非选择性吸收涂层和选择性吸收涂层，后者吸收率较高，一般为 0.90～0.94。目前商品集热器上多使用选择性吸收涂层。

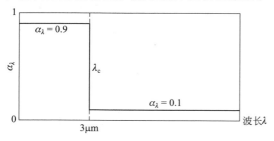

图 3-4　选择性吸收涂层的吸收率随波长的变化

非选择性吸收涂层是指光学吸收性与辐射波长无关的涂层，比如普通黑漆。选择性吸收涂层是指光学吸收性随辐射波长不同而有显著变化的涂层，它要求对太阳短波辐射具有较高吸收率，而对长波热辐射发射率却较低。选择性吸收涂层的光谱吸收率在不同波长（$\lambda$）范围内的变化见图 3-4，图中 $\alpha_\lambda$ 为一定波长下的吸收率，$\lambda_c$ 为临界波长。

选择性吸收涂层的制备方法有很多，主要有喷涂方法、化学方法、电化学方法、真空蒸发法、磁控溅射法等。一般而言，绝大多数的选择性吸收涂层对太阳辐射的吸收率均可达到0.9 以上，不同选择性吸收涂层的发射率大小有明显区别。部分选择性吸收涂层的发射率见表 3-1。

表 3-1　部分选择性吸收涂层的发射率

| 制备方法 | 涂层材料 | 发射率 $\varepsilon$ |
|---|---|---|
| 喷涂方法 | 硫化铅、氧化钴、氧化铁、铁锰铜氧化物 | 0.30～0.50 |
| 化学方法 | 氧化铜、氧化铁 | 0.18～0.32 |
| 电化学方法 | 黑铬、黑镍、黑钴、铝阳极氧化 | 0.08～0.20 |
| 真空蒸发法 | 黑铬/铝、硫化铅/铝 | 0.05～0.12 |
| 磁控溅射法 | 铝-氮/铝、铝-氮-氧/铝、铝-碳-氧/铝、不锈钢-碳/铝 | 0.04～0.09 |

（2）透明盖板

透明盖板是平板集热器中覆盖吸热体、由透明或半透明材料组成的板状部件。它的主要功能是使太阳辐射透过并照射在吸热体上；保护吸热体免受灰尘和雨雪的侵蚀；与吸热体一起形成温室效应；减少吸热体在温度升高后向周围环境的散热。

对透明盖板的技术要求主要有：对太阳辐射的透射率高；对吸热体的长波辐射的透射率低，减小集热器的辐射热损失；热导率小，减小集热器内热空气通过透明盖板向周围环境的散热损失；耐冲击强度高，受到冰雹、碎石等外力撞击时不易损坏；耐候性好，在各种气候条件下可长期使用，其透光、强度等性能无明显变化。

① 平板玻璃。常用的透明盖板材料主要有普通平板玻璃、钢化玻璃或者透明纤维板等，目前国内使用最多的是平板玻璃，其具有红外透射比低、热导率小、耐候性能好等优点，可以很好满足集热器对透明盖板的大部分要求，但是它对太阳辐射的透射率较低、耐冲击强度比较差。

平板玻璃中一般都含有 $Fe_2O_3$，而 $Fe_2O_3$ 会吸收波长在 $2\mu m$ 以内的太阳辐射，因此 $Fe_2O_3$ 的含量越高，对太阳辐射的吸收率就越大，对太阳辐射的透射率就越低。目前国内常用的普通平板玻璃中 $Fe_2O_3$ 含量较高，对太阳辐射的透射率较低，因此需要研发 $Fe_2O_3$ 含量低的平板玻璃。

虽然普通平板玻璃存在耐冲击强度低、易破碎的问题，但是只要经过钢化处理，就可以基本解决这个问题。

② 透明盖板的层数及间距。透明盖板的层数取决于集热器的工作温度及使用地区的气候条件，一般都是使用单层透明盖板。当集热器的工作温度较高或者在气温较低的地区使用时，宜采用双层透明盖板。三层及以上透明盖板很少采用。

（3）保温层

为减少平板集热器向周围环境的散热，在它透明盖板之外的四个侧面和底面都包覆有一定厚度的保温材料。

对于所用的保温材料，要求其热导率小，不易变形、挥发，不产生毒气，不吸水。因此保温材料通常选用岩棉、聚苯乙烯、玻璃棉、酚醛泡沫和聚氨酯等。一般保温材料的厚度 $\delta$ 取 $0.015～0.030m$。

根据 GB/T 6424—2021 规定，350℃下无机硬质保温材料制品和无机松散保温材料的热导率需小于等于 $0.12W/(m\cdot K)$，70℃下无机纤维类保温材料制品的热导率需小于等于 $0.058W/(m\cdot K)$。目前使用较多的保温材料为岩棉。聚苯乙烯热导率小，但是在温度高于 70℃时会发生收缩变形从而影响保温效果。玻璃棉是玻璃熔融、纤维化后形成的棉状材料，具有化学性质稳定、成型好、热导率低且耐腐蚀等优点。酚醛泡沫材料是将酚醛树脂和固化剂、发泡剂等多种物质经科学配方发泡生成的硬质泡沫材料。酚醛泡沫材料具有优秀的隔热保温能力，其热导率小于 0.03W/(m·K)，能在 $-200\sim160℃$ 稳定工作，不发生收缩变化。酚醛泡沫材料采用无氟发泡技术，对环境无污染，具有环保性。

（4）外壳

集热器的外壳是用于组装和固定吸热体、透明盖板、保温层的部件。因此，要求外壳有一定的机械强度和刚度、较好密封性，耐腐蚀且易加工，外形美观。用于制作外壳的材料一般采用铝型材、不锈钢板、塑料、玻璃钢和碳钢板等。目前市场上平板集热器外壳使用最多的材料是一次模压成型的铝合金和碳钢板，采用一次模压成型也能提高平板集热器外壳的密封性。

### 3.2.3  吸热板的横向温度分布

本节以翼管式吸热板与吸热管为研究对象，对其传热和温度分布进行分析，其吸热板结构如图 3-5 所示。吸热板前、后两端分别与集管连接，在下述分析中忽略集管对集热器性能的影响。

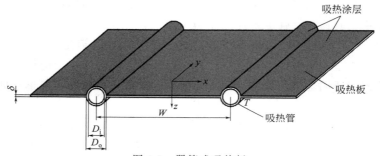

图 3-5  翼管式吸热板

图 3-5 中，$W$ 为管中心距，m；$\delta$ 为吸热板厚度，m；$D_i$、$D_o$ 分别为管内径和外径，m。

在具有均匀物理特性和内部热源的固体中，稳态热传导过程可由式（3-1）描述：

$$-k\left(\frac{\partial^2 T}{\partial x^2}+\frac{\partial^2 T}{\partial y^2}+\frac{\partial^2 T}{\partial z^2}\right)=q \tag{3-1}$$

式中　$T$——吸热板上某点的温度，K；

　　　$q$——单位体积内热源产生的热量，$W/m^3$；

　　　$k$——热导率，W/(m·K)。

由于吸热板一般采用薄金属板，在其厚度方向 $z$ 上温度梯度很小，因此 $\partial^2 T/\partial z^2=0$；同时，因为在横坐标 $x$ 一定时，流体流动方向 $y$ 上几乎没有温差，所以忽略 $y$ 方向上的温度梯度 $\partial^2 T/\partial z^2$，则吸热板上的热传导可以简化为一维热传导，式（3-1）可简化为

$$-k\frac{\partial^2 T}{\partial x^2}=q \tag{3-2}$$

设吸热板上单位面积的净热流 $q_{net}$ 均匀分布在整个吸热板厚度（$\delta$）上，则

$$q_{net}=\delta q \tag{3-3}$$

式中　$q_{net}$——吸热板上单位面积的净热流，$W/m^2$。

$q_{net}$ 又等于吸热板单位面积上获得的太阳辐照度与热损失之差，即

$$q_{net} = S - U_L(T_p - T_a) \tag{3-4}$$

式中　$S$——吸热板上获得的太阳辐照度，$W/m^2$；

　　　$U_L$——集热器的总热损失系数，$W/(m^2 \cdot K)$；

　　　$T_p$——单位面积吸热板的平均温度，K；

　　　$T_a$——环境温度，K。

对式（3-1）～式（3-4）进行整理，可得到描述集热器吸热板上横向温度分布的二阶微分方程式，即

$$\frac{\partial^2 T}{\partial x^2} + \frac{S - U_L(T_p - T_a)}{k\delta} = 0 \tag{3-5}$$

在吸热板的中心部位 $x = 0$ 处，边界条件是温度梯度等于零，即

$$\left. \frac{dT}{dx} \right|_{x=0} = 0 \tag{3-6}$$

在吸热板根部 $x = (W - D_o)/2$ 处，边界条件是吸热板温度等于管子的温度 $T_b$，即

$$T \big|_{x=(W-D_o)/2} = T_b \tag{3-7}$$

应用以上两个边界条件，并令 $b = \sqrt{U_L/k\delta}$，求解二阶微分方程可得吸热板上横向温度分布的表达式为

$$T = (T_a + \frac{S}{U_L}) + (T_b - T_a - \frac{S}{U_L})\frac{\cosh bx}{\cosh \dfrac{b(W - D_o)}{2}} \tag{3-8}$$

## 3.2.4　换热网络分析

集热器吸收太阳辐射后，其内部温度会升高，导致部分热能向温度较低的周围环境散失，散失的热能称为集热器的热损失。

吸热体是集热器中的温度最高处，以吸热体为中心，热量向上、下表面及四周散失。假设吸热体的平均温度为 $T_p$，图 3-6 表示的是具有两层透明盖板的平板集热器换热网络图，图 3-7 为图 3-6 简化后的当量换热网络图。

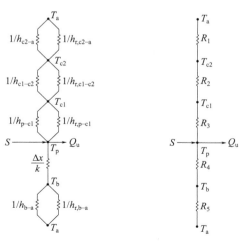

(a) 按导热、对流和辐射热阻表示　(b) 按两面之间的热阻表示

图 3-6　两层透明盖板的平板集热器换热网络示意图

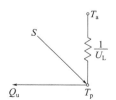

图 3-7　平板集热器的当量换热网络图

（1）顶部热损失系数 $U_t$

集热器顶部热损失是指由吸热体通过集热器顶部透明盖板向环境损失的热量。

吸热体接收太阳辐射后，温度升高，导致吸热体与透明盖板之间产生对流及辐射换热，同时透明盖板与外界环境之间也产生对流及辐射换热。对于具有一层透明盖板的平板集热器，顶部热损失系数 $U_t$ 可以表示为：

$$U_t = \left( \frac{1}{h_{p-c} + h_{r,p-c}} + \frac{1}{h_w + h_{r,c-a}} \right)^{-1} \tag{3-9}$$

克莱恩（Kleine）给出 $U_t$ 的经验计算式如下：

$$U_t = \left\{ \frac{N}{\dfrac{c}{T_{p,m}} \left[ \dfrac{T_{p,m} - T_a}{(N+f)} \right]^e} + \frac{1}{h_w} \right\}^{-1} + \frac{\sigma (T_{p,m} + T_a)(T_{p,m}^2 + T_a^2)}{(\varepsilon_p + 0.00591 N h_w)^{-1} + \dfrac{2N + f - 1 + 0.133 \varepsilon_p}{\varepsilon_c} - N} \tag{3-10}$$

其中

$$f = (1 + 0.0892 h_w - 0.1166 h_w \varepsilon_p)(1 + 0.07866 N) \tag{3-11}$$

式中，$N$ 为玻璃层数；$\beta$ 为集热器倾斜角，（°）；$\varepsilon_c$ 为玻璃发射率，0.88；$\varepsilon_p$ 为平板发射率；$T_a$ 为环境温度，K；$T_{p,m}$ 为平板平均温度，K；$h_w$ 为环境空气与透明盖板的对流换热系数，$W/(m^2 \cdot K)$。

当 $0° < \beta < 70°$ 时，$c = 520(1 - 0.000051 \beta^2)$；当 $70° < \beta < 90°$ 时，$c$ 用 $\beta = 70°$ 计算，$e = 0.43(1 - 100/T_{p,m})$。

在考虑自然对流和辐射换热的共同影响时，$h_w$ 可以采用下式计算：

$$h_w = 5.7 + 3.8v \tag{3-12}$$

式中　$v$——风速，m/s。

当只考虑自然对流换热时，Watmuff 等提出 $h_w$ 可采用下式计算：

$$h_w = 2.8 + 3.0v \tag{3-13}$$

（2）底部热损失系数 $U_b$

吸热体上的热量通过集热器底部绝热层及外壳以导热的方式传向集热器底部的外表面，在外表面上再以对流的方式与环境空气换热。换热网络见图 3-6，由于底板温度 $T_b$ 不高，因此忽略 $T_b$ 与 $T_a$ 之间的辐射换热项。集热器底部的热损失系数 $U_b$ 可以表示为：

$$U_b = \frac{1}{\dfrac{\delta_s}{\lambda_s} + \dfrac{\delta_c}{\lambda_c} + \dfrac{1}{h_w}} \tag{3-14}$$

式中，$\delta_s$、$\delta_c$ 分别为绝热层和外壳层的厚度，m；$\lambda_s$、$\lambda_c$ 分别为绝热层和外壳层材料的热导率，$W/(m \cdot K)$。

（3）侧面热损失系数 $U_e$

集热器内部的热量，通过集热器侧面的绝热层及外壳以导热的方式传向侧面的外表面，热量再以对流方式与环境空气换热，则集热器侧面热损失系数 $U_e$ 为：

$$U_e = \left( \frac{1}{\dfrac{L_e}{k_e} + \dfrac{1}{h_w}} \right) \times \frac{A_e}{A_c} \tag{3-15}$$

式中　$k_e$——集热器边缘绝热层的热导率，$W/(m \cdot K)$；

$L_e$——集热器边缘绝热层的厚度，m；

$A_e$——集热器四个侧壁的面积之和，$m^2$。

$A_e/A_c$ 表示集热器四个侧壁面积之和与集热器吸热板面积的比值。

综合以上各项，吸热板通过集热器顶部、底部及侧面与环境之间换热，其总热损失系数 $U_L$ 及热损失量 $Q_L$ 可分别表示为：

$$U_L = U_t + U_b + U_e \tag{3-16}$$
$$Q_L = A_c U_L (T_{p,m} - T_a) \tag{3-17}$$

### 3.2.5　有效得热量

图 3-8 为平板集热器的能量平衡关系示意图。太阳辐射投射到集热器的吸热体上，转化为热量，其中大部分热量由吸热体传递给被加热工质，这部分热量是集热器的有效得热量；其余热量，一部分被集热器本身吸收，另一部分散失到环境中。由此，集热器的能量平衡关系可表示为

$$Q_A = Q_L + Q_U + Q_S \tag{3-18}$$

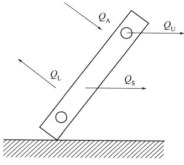

图 3-8　平板集热器的能量平衡关系示意图

式中　$Q_A$——单位时间集热器吸收的太阳能，W；

$Q_L$——单位时间集热器向环境散失的热量，W；

$Q_U$——单位时间集热器中被加热工质的有效得热量，W；

$Q_S$——单位时间集热器自身的热容变化量，W。

若集热器在非稳定工况下工作，集热器本身可能吸热（$Q_S > 0$），或者放热（$Q_S < 0$）；若集热器在稳定工况下工作，则集热器本身既不吸热也不放热（$Q_S = 0$），这时被加热流体的有效得热量：

$$Q_U = Q_A - Q_L \tag{3-19}$$

而 $Q_A = A_c S$，$Q_L = A_c U_L (T_{p,m} - T_a)$，则：

$$Q_U = A_c [S - U_L (T_{p,m} - T_a)] \tag{3-20}$$

式中　$A_c$——吸热体的面积，$m^2$；

$S$——单位面积吸热体在单位时间内吸收的太阳辐射，$W/m^2$；

$U_L$——总热损失系数或总传热系数，$W/(m^2 \cdot K)$；

$T_{p,m}$——吸热体平均温度，K；

$T_a$——环境温度，K。

### 3.2.6　瞬时热效率及其测量

对于太阳能集热器瞬时热效率及其测量方法，主要参考 GB/T 4271—2021《太阳能集热器性能试验方法》，其中太阳能集热器的性能试验项目主要包括集热器有效热容、时间常数、入射角修正系数、集热器两端压降的测定和瞬时效率曲线等，其中，最主要的是瞬时效率曲线。

（1）瞬时集热效率

被加热流体的有效得热量 $Q_U$ 以及瞬时集热效率 $\eta$ 是衡量集热性能的两个主要指标。

实际上，太阳辐照量是随着时间不断变化的，也就是说，集热器接收到的太阳辐照量是时刻变化的。因此，通常采用瞬时集热效率和平均集热效率来衡量集热器的集热效率。

　　瞬时集热效率是指在有限时间内，被加热工质的有效得热量与集热器面积和太阳辐照度的乘积之比，即：

$$\eta = \frac{Q_U}{A_c G} \tag{3-21}$$

式中，$\eta$ 为瞬时集热效率；$G$ 为太阳辐照度，$W/m^2$。

　　由于单位面积吸热体在单位时间内吸收的太阳辐射 $S$ 可以表示为：

$$S = G(\tau\alpha)_e \tag{3-22}$$

式中，$(\tau\alpha)_e$ 为透明盖板透射比与吸热体吸收比的有效乘积。

　　因此，在稳态工况下，式（3-20）又可以表示为：

$$Q_U = A_c G(\tau\alpha)_e - A_c U_L (T_{p,m} - T_a) \tag{3-23}$$

联合式（3-21）和式（3-23），可得：

$$\eta = (\tau\alpha)_e - U_L \frac{T_{p,m} - T_a}{G} \tag{3-24}$$

　　由于吸热体温度 $T_{p,m}$ 不容易测定，而集热器进、出口温度相对容易测量，所以吸热体温度可以近似地表示为 $T_{p,m} \approx (T_{f,i} + T_{f,o})/2$，由于采用了近似温度替代吸热体真实温度，因此集热器瞬时效率方程［式（3-24）］也需要引入集热器效率因子 $F'$ 加以修正，这样式（3-24）就变为：

$$\eta = F'\left[(\tau\alpha)_e - U_L \frac{T_{p,m} - T_a}{G}\right] = F'(\tau\alpha)_e - F' U_L \frac{T_{p,m} - T_a}{G} \tag{3-25}$$

$$T_{p,m} \approx (T_{f,i} + T_{f,o})/2 \tag{3-26}$$

　　集热器效率因子 $F'$ 的物理意义是：工质处于平均温度时对外界的传热系数与吸热体对外界的传热系数之比。

$$F' = \frac{U_o}{U_L} \tag{3-27}$$

　　集热器效率因子 $F'$ 可通过能量平衡微分方程导出，其具体表达式为：

$$F' = \frac{\dfrac{1}{U_L}}{W\left\{\dfrac{1}{U_L[D_o + (W - D_o)\eta_f] + \dfrac{1}{C_b} + \dfrac{1}{\pi D_i h_{f,i}}}\right\}} \tag{3-28}$$

　　设：

$$n = (W - D_o)\sqrt{\frac{U_L}{k\delta}} \tag{3-29}$$

　　则肋片效率 $\eta_f$ 可表示为：

$$\eta_f = \frac{2}{n}\tanh\frac{n}{2} \tag{3-30}$$

式中　$W$——排管之间的中心距，m；

　　　$D_o$——排管的外径，m；

　　　$D_i$——排管的内径，m；

　　　$U_L$——集热器总热损失系数，$W/(m^2 \cdot K)$；

$h_{f,i}$——排管内传热工质与管壁的换热系数，$W/(m^2 \cdot K)$；

$\eta_f$——直肋片的肋片效率；

$C_b$——管、板结合处的热导率，$W/(m \cdot K)$。

由以上公式可见，集热器效率因子 $F'$ 跟肋片效率 $\eta_f$，管板结合热导率 $C_b$，管内传热工质与管壁的换热系数 $h_{f,i}$，吸热体结构尺寸 $W$、$D_o$、$D_i$ 等参数有关。

尽管集热器的平均温度可以测定，但由于集热器入口温度随太阳辐照度变化，不容易控制，所以集热器传递给工质的有效能量 $Q_U$ 可以借助集热器进口温度 $T_{f,i}$ 来表示，此时需要引入修正因子 $F_R$：

$$Q_U = A_c F_R [S - U_L (T_{f,i} - T_a)] \tag{3-31}$$

式中，$F_R$ 被称作集热器的热迁移因子。$F_R$ 的物理意义是：吸热体处于实际板温下与工质的换热量，与吸热体处于工质进口温度下的最大换热量之比。

从被加热工质来看，工质进、出集热器的过程中获得的能量为：

$$Q_U = \dot{m} c_p (T_{f,o} - T_{f,i}) \tag{3-32}$$

式中　$\dot{m}$——集热管中工质的质量流量，$kg/s$；

$c_p$——工质的定压比热容，$kJ/(kg \cdot K)$。

联合式（3-31）和式（3-32），可得：

$$F_R = \frac{\dot{m} c_p (T_{f,o} - T_{f,i})}{A_c [S - U_L (T_{f,i} - T_a)]} \tag{3-33}$$

在单根集热管管长方向取微元体为研究对象，通过能量平衡的微分方程和边界条件推导，可以得到

$$F_R = \frac{\dot{m} c_p}{A_c U_L} \left[ 1 - e^{-(A_c U_L F' / \dot{m} c_p)} \right] \tag{3-34}$$

$$F_R = \frac{1}{\dfrac{1}{F'} + \dfrac{A_c U_L}{2\dot{m} c_p}} = \frac{1}{\dfrac{W}{D + (W - D_o)\eta_f} + W U_L \left( \dfrac{1}{C_b} + \dfrac{1}{\pi D_i h_{f,i}} \right) + \dfrac{A_c U_L}{2\dot{m} c_p}} \tag{3-35}$$

$$\eta = F_R \left[ (\tau\alpha)_e - U_L \frac{T_{f,i} - T_a}{G} \right] = F_R (\tau\alpha)_e - F_R U_L \frac{T_{f,i} - T_a}{G} \tag{3-36}$$

式（3-36）称为集热器瞬时效率方程，简称集热器效率方程。

将热迁移因子 $F_R$ 与效率因子 $F'$ 之比定义为集热器的流动因子 $F''$，则：

$$F'' = \frac{F_R}{F'} = \frac{\dot{m} c_p}{A_c U_L F'} \left[ 1 - e^{-(A_c U_L F' / \dot{m} c_p)} \right] \tag{3-37}$$

$$F_R = F' F'' \tag{3-38}$$

式中，$F'' < 1$，$F_R < F' < 1$。

（2）集热器面积

在有关太阳能集热器的计算中，经常会涉及集热器面积 $A$，所用集热器面积的定义不同，计算所得集热器效率数值也就不同。国内外太阳能界所使用的集热器面积定义经常不同，为了规范各国对于集热器面积的定义，国际标准 ISO 9488《太阳能术语》提出了三种集热器面积的定义，它们分别是吸热体面积、采光面积和总面积（毛面积）。

① 吸热体面积。平板集热器的吸热体面积（$A_A$）是吸热体的最大投影面积，如图 3-9 所示。

$$A_A = (Z L_3 W_3) + [Z W_4 (L_4 + L_5)] + (2 W_6 L_6) \tag{3-39}$$

式中，$Z$ 为翅片数量；$L_3$ 为翅片长度，m；$W_3$ 为翅片宽度，m；$W_4$、$W_6$、$L_4$、$L_5$、$L_6$ 为图中所示相应部位的宽度与长度。

② 采光面积。平板集热器的采光面积（$A_a$）是太阳辐射进入集热器的最大投影面积，如图 3-10 所示。

$$A_a = L_2 W_2 \tag{3-40}$$

③ 总面积。平板集热器的总面积（$A_G$），又称毛面积，是整个集热器的最大投影面积，如图 3-11 所示。

$$A_G = L_1 W_1 \tag{3-41}$$

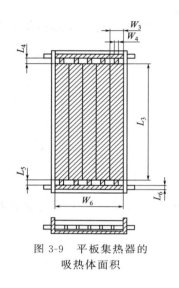

图 3-9　平板集热器的
吸热体面积

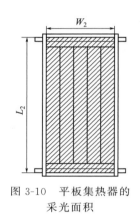

图 3-10　平板集热器的
采光面积

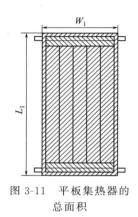

图 3-11　平板集热器的
总面积

（3）归一化温差的计算

集热器效率可以由归一化温差 $T^*$ 的函数关系表示。在计算归一化温差之前，先要确定以哪一种温度为参考进行计算，即选择集热器平均温度 $T_m$ 还是集热器进口温度 $T_i$，其中 $T_m = (T_i + T_o)/2$（$T_o$ 为集热器出口温度），然后计算出相应温度为参考的归一化温差。

$$T_m^* = \frac{T_m - T_a}{G} \tag{3-42}$$

$$T_i^* = \frac{T_i - T_a}{G} \tag{3-43}$$

式中　$T_m^*$——以集热器平均温度为参考的归一化温差，$(m^2 \cdot K)/W$；

　　　$T_i^*$——以集热器进口温度为参考的归一化温差，$(m^2 \cdot K)/W$。

（4）瞬时效率曲线的测定

假定试验以 $A_a$ 为参考选择采光面积，集热器进口温度以 $T_i$ 为参考。通过试验，得到 $T_i$、$T_o$、$T_a$、$m$、$G$ 等参数的测试数据，然后画在集热器效率-归一化温差坐标系中，如图 3-12 所示。

根据这些数据点，用最小二乘法进行拟合，得到集热器瞬时效率方程的表达式，即

$$\eta_a = \eta_{0a} - U_a T_i^* \tag{3-44}$$

$$\eta_a = \eta_{0a} - a_{1a} T_i^* - a_{2a} G (T_i^*)^2 \tag{3-45}$$

式中    $\eta_a$——以采光面积为参考的集热器效率；

     $\eta_{0a}$——以采光面积为参考、$T_i^*=0$ 时的集热器效率；

     $U_a$——以采光面积及 $T_i^*$ 为参考的常数；

$a_{1a}$、$a_{2a}$——以采光面积及 $T_i^*$ 为参考的常数。

由式（3-44）可见，$\eta_{0a}$ 是效率曲线的截距，$-U_a$ 是效率曲线的斜率。将式（3-44）和式（3-45）进行对比后求得，截距 $\eta_{0a}=F_R(\tau\alpha)_e$，斜率 $-U_a=-F_RU_L$。

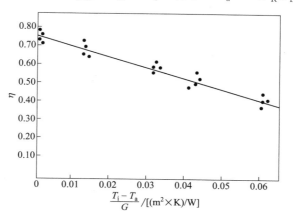

图 3-12   集热器瞬时效率曲线图

# 3.3 真空管集热器

真空管集热器就是将吸热体与透明盖板之间的空间抽成真空的太阳能集热器。与平板集热器相比，它的导热、对流和辐射热损失均很小，可广泛用于各种规模的低温、甚至中温太阳能集热系统中。

按照吸热体的材料不同，真空管集热器可分为两类：全玻璃真空管集热器和金属吸热体真空管集热器。全玻璃真空管集热器的吸热体由内层玻璃管组成；金属吸热体真空管集热器的吸热体由金属材料组成。

## 3.3.1 全玻璃真空管集热器

（1）全玻璃真空集热管

全玻璃真空集热管主要由内、外玻璃管，选择性吸收涂层，吸气材料等部分组成，其形状宛如一个被拉长的真空热水瓶胆，见图 3-13。

① 玻璃管的材质性能。全玻璃真空集热管所用的玻璃材料应具有太阳透射比高、热稳定性好、热膨胀系数低、耐热冲击性能好、机械强度较高、抗化学侵蚀性较好及适于加工等特点。国标 GB/T 17049—2005 规定玻璃管采用硼硅玻璃 3.3 制作，其太阳光透射比达 0.89。

② 双层玻璃管之间的真空度。真空集热管内、外层玻璃之间是真空状态，其真空度是决定真空管集热器质量和寿命的重要指标。根据国标 GB/T 17049—2005 的规定，真空夹层的气体压力不高于 $5.0\times10^{-2}$ Pa。

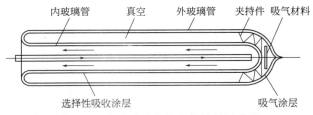

图 3-13　全玻璃真空集热管结构示意图

③ 涂层。真空集热管的选择性吸收涂层附着在内管的外表面，采用磁控溅射工艺，其中铝-氮-铝涂层的太阳吸收率为 0.86 以上，发射率小于等于 0.09。

（2）全玻璃真空管集热器的组成

全玻璃真空管集热器由真空管阵列、联集管、反光板、尾托架等部件组成，如图 3-14 所示。

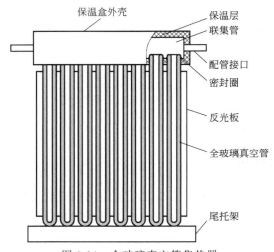

图 3-14　全玻璃真空管集热器

真空管阵列由若干根真空管组成，真空管的排列方式有竖直排列和水平排列两种，水平排列中又分为单排和双排，如图 3-15 所示。在家用楼顶放置的太阳能热水器中，多采用竖直排列方式。

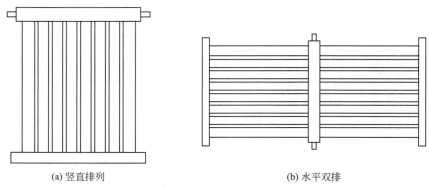

(a) 竖直排列　　　　　　　　　　　(b) 水平双排

图 3-15　全玻璃真空管集热器排列方式示意图

联集管又称为联箱，有圆形和方形两种，一般由不锈钢材料制作，联集管两端有配管接口，外壁有保温层。联集管下面有适合真空管直径及间距的开口，使真空管的开口端可以直接插入，真空管与联集管之间采用硅胶密封圈密封。反光板放置在真空管下面，收集和反射真空管间隙的太阳能，以提高集热量，反光板一般采用光洁度高的铝板制作。反光板表面如果积灰会影响反光效果，需要清理灰尘，在灰尘和风沙比较大的地区，建议不采用反光板。尾托架用于支撑和保护真空管。

（3）全玻璃真空管集热器的特性

全玻璃真空管集热器具有结构简单，集热性能优良，生产工艺可靠，能大批量生产，具有抗低温和抗冰雹打击能力等优点，平均热损失系数仅为 $0.90W/(m^2 \cdot K)$，其对流和导热损失均小于平板集热器。但是，由于全玻璃真空管集热器在管内走水，在使用过程中如果有一只玻璃管破损，则整个集热器就会停止工作；另外，真空管内的水要全部被加热后才能输出热水，并且真空管内的热水由于有积存最终不能被全部利用，因此会造成一定的热量损失。为了克服这些缺陷，对全玻璃真空管进行了改进，先后研制出热管式真空集热管及其他形式的金属吸热体真空管。

（4）结构尺寸

根据国标 GB/T 17049—2005 规定，全玻璃真空太阳集热管的结构尺寸按表 3-2 选取。

表 3-2　全玻璃真空太阳集热管的结构尺寸

| 内玻璃管外径 $d$/mm | 罩玻璃管外径 $D$/mm | 长度 $L$/mm | 封离部分长度 $S$/mm | 管中心距 $P$/mm |
|---|---|---|---|---|
| 37 | 47 | 1200，1500，1800 | ≤15 | 70 |
| 47 | 58 | 1500，1800，2100 | ≤15 | 80 |

（5）命名规则

根据国标 GB/T 17049—2005 规定，全玻璃真空太阳集热管命名由五部分组成，从左到右依次是 A—B—C—D—E，相邻部分用一字线"—"隔开。

其中，A 用汉语拼音字母 QB 表示全玻璃真空太阳集热管；B 用化学元素符号或英文字母表示太阳选择性吸收涂层材料；C 用阿拉伯数字表示全玻璃真空太阳集热管内玻璃外径/罩玻璃管外径，以 mm 为单位；D 用阿拉伯数字表示全玻璃真空太阳集热管长度 $L$，以 mm 为单位；E 用阿拉伯数字表示全玻璃真空太阳集热管改进型号。

例如，采用以铝为底层、多层铝-氮复合材料为吸收层的太阳选择性吸收涂层、内玻璃管外径 37mm、罩玻璃管外径 47mm 和长度为 1200mm 的普通型（"1"表示普通型）全玻璃真空太阳集热管的命名为：QB—Al-N/Al—37/47—1200—1。

## 3.3.2　热管式真空管集热器

热管式真空管集热器由热管式真空集热管、导热块、联集管、保温盒、保温材料及尾托架等部分组成，如图 3-16 所示。

（1）热管式真空集热管

热管式真空集热管由热管、金属导热片、内层玻璃管、外层玻璃管、保温管堵、弹簧支架、消气剂等部分组成，如图 3-17 所示。带有金属导热片的热管插入真空管中，金属导热片紧贴在内玻璃管的内表面，内玻璃管的外表面涂有选择性吸热涂层，将收集到的太阳能转化为热量，由玻璃管传递给金属导热片及热管，再由热管传递给集热箱中的被加热工质。

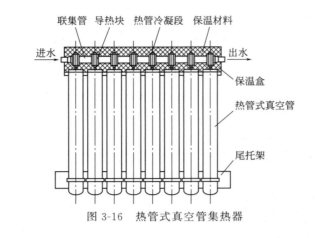

图 3-16　热管式真空管集热器

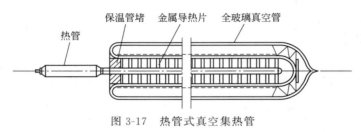

图 3-17　热管式真空集热管

（2）热管

热管是一种高效传热元件，它利用工质蒸发和冷凝过程的高效传热性进行传热。在热管式真空集热管中一般采用的是重力型热管。热管内部有蒸发段和冷凝段，如图 3-18 所示。

图 3-18　热管工作原理示意图

（3）真空度和消气剂

热管式真空集热管采用金属吸热体，在制造过程中其真空排气工艺不同于全玻璃真空集热管。热管内一般同时放置蒸散型、非蒸散型两种消气剂，以长期维持管内的真空度。蒸散型消气剂用于提高真空集热管的初始真空度，非蒸散型消气剂用于吸收管内各部件在工作过程中所释放的残余气体。

### 3.3.3　其他金属吸热体真空管集热器

除前面介绍的热管式真空集热管之外，金属吸热体真空集热管还有各种不同的形式，如同心套管式、U 形管式、储热式、内聚光式和直通式等。它们的吸热体都采用金属材料，而且在构成集热器时，真空管之间都采用金属件连接。因此这些真空管组成的集热器具有工作温度高、承压能力强、耐热冲击性能好等优点。

由于金属吸热体真空管集热器比全玻璃真空管集热器具有更多的优点，因此各种形式的金属吸热体真空管集热器被逐渐研制出来，以满足不同的应用需求，扩大了太阳能热利用的应用范围，成为真空管集热器的重要发展方向。

（1）同心套管式真空管集热器

同心套管式真空集热管主要由同心套管、吸热体、玻璃管等几部分组成，如图 3-19 所示。同心套管是两根内、外相套的金属管，它们跟吸热体紧密连接，位于吸热体的轴线上，冷、热水从内、外两根同心套管进出。

相较于其他金属吸热体真空管集热器，同心套管式真空管集热器热效率更高，且可以水平安装。

（2）U 形管式真空管集热器

U 形管式真空集热管主要由 U 形管、吸热体、玻璃管等几部分组成，如图 3-20 所示。与同心套管式真空集热管相比，U 形管式真空管集热器的冷、热水从连接成 U 字形的两根平行管进出。因此这二者也被统称为直流式真空管集热器。

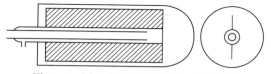

图 3-19　同心套管式真空集热管示意图

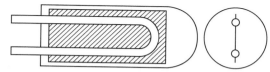

图 3-20　U 形管式真空集热管结构示意图

（3）储热式真空管集热器

储热式真空集热管主要由吸热管、内插管、玻璃管等几部分组成，如图 3-21 所示。吸热管内储存水，外表面有选择性吸收涂层。白天，太阳辐射能被吸热管转换成热能后，加热吸热管内的水；夜间，由于真空夹层隔热，吸热管内热水温度下降较慢，延长了使用时间。

储热式真空集热管组成的系统不需要储水箱。真空管本身既是集热器，又是储水箱，且使用方便。打开自来水水龙头后，热水可立即放出，所以特别适合于家用太阳能热水器。

（4）内聚光式真空管集热器

内聚光式真空集热管主要由吸热体、复合抛物面型聚光器、玻璃管等几部分组成，如图3-22 所示。复合抛物面型聚光器（compound parabolic concentrators，CPC）由于在真空管的内部放置 CPC，故称为内聚光式真空管。

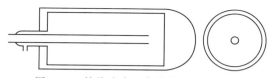

图 3-21　储热式真空集热管结构示意图

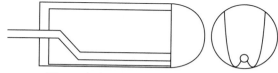

图 3-22　内聚光式真空集热管示意图

吸热体通常是热管，也可是同心套管或 U 形管，其表面有中温选择性吸收涂层。平行的太阳光无论从什么方向穿过玻璃管，都会被 CPC 反射到位于其焦线处的吸热体上，然后仍按热管式真空集热管或直流式真空集热管的工作原理运行。

（5）直通式真空管集热器

直通式真空集热管主要由吸热管和玻璃管这两部分组成，如图 3-23 所示。

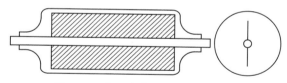

图 3-23　直通式真空集热管示意图

吸热管表面有高温选择性吸收涂层。传热介质从吸热管的一端流入，经太阳辐射能加热后，从吸热管的另一端流出，故称为直通式。由于金属吸热管与玻璃管之间的两端都需要封接，因而必须借助于波纹管过渡，以补偿金属吸热管的热胀冷缩。直通式真空集热管通常跟抛物柱面聚光镜配套使用，组成一种聚光型太阳能集热器。

当然，以上介绍的这些真空管未必概括了金属吸热体真空管的全部形式。随着世界各国太阳能热利用技术的不断发展，人们必将创造出性能更加优越、用途更为广泛的各种新型真空管太阳能集热器。

### 3.3.4　真空管集热器效率计算

如图 3-24 所示，真空管集热器的效率可通过下式计算得到

$$\eta=\frac{D_i F_R}{B(I_d+I_b)}[S-\pi U_L(T_{f,i}-T_a)] \tag{3-46}$$

式中　$D_i$——吸收管内径，mm；

　　　$B$——集热管中心线间距；

　　　$I_d$——集热器板单位面积的直射辐照量，W/m；

　　　$I_b$——集热器板单位面积的散射辐照量，W/m；

　　　$F_R$——集热器热迁移因子；

　　　$S$——集热管吸收的热量，W/m²；

　　　$U_L$——集热器总热损失系数，W/(m²·K)；

　　$T_{f,i}$——集热器流体进口温度，K；

　　　$T_a$——环境空气温度，K。

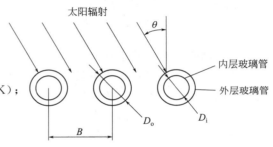

图 3-24　真空管集热器横断面

## 3.4　聚光型集热器

由于太阳辐射的能量密度较低，对于普通形式的集热器，集热温度不高。要获得超过100℃的高温集热，需要采用聚光型集热器。

聚光型集热器利用太阳光线的反射将较大面积的太阳辐射聚集到较小面积的吸收层上，以提高对太阳能的吸收。由于太阳相对地面观测点有一个 32′ 的角度，即太阳张角，因此对太阳的聚集会形成一个太阳像，而非一个点。聚光型集热器的关键部件是聚光器，它的作用是在吸收层上形成太阳像。聚光器只能对直接辐射产生聚集效果，不能对散射辐射聚集。

表征聚光器的重要参数是聚光比。有两种意义上的聚光比：面积聚光比和通量聚光比。其中，面积聚光比 $C_a$ 的定义如下：

$$C_a=\frac{A_{in}}{A_R} \tag{3-47}$$

式中　$A_{in}$——聚光器开口面积，m²；

　　　$A_R$——吸收层吸热面积，m²。

通量聚光比是开口处太阳辐射与吸收层接收到的太阳辐射之比。对于太阳能热利用，常用的是面积聚光比。对于理想聚光器，最大聚光比受接收半角 $\theta_c$ 限制。

对于二维聚光器：

$$C_{\max} = \frac{1}{\sin\theta_{\mathrm{c}}} \tag{3-48}$$

对于三维聚光器：

$$C_{\max} = \frac{1}{\sin^2\theta_{\mathrm{c}}} \tag{3-49}$$

式中，$\theta_{\mathrm{c}}$ 为接收半角。

由于太阳张角为 $32'$，因此 $\theta_{\mathrm{c}} = 16'$，分别带入式（3-48）和式（3-49），得到二维聚光器最大聚光比 $C_{\max} \approx 215$，三维聚光器最大聚光比 $C_{\max} \approx 46200$。实际上，设计问题、镜面缺陷、对太阳的跟踪误差以及镜面集尘等原因造成接收角远大于太阳张角，使聚光比大大降低。此外，由于大气对太阳光的散射，造成相当大一部分太阳光线来自太阳盘以外的角度，不能被有效聚集。

聚光型集热器有多种分类方法，按对入射太阳光的聚集方法可分为反射型和折射型。反射型聚光器通过一系列反射镜片将太阳辐射汇聚到热吸收面，而折射型聚光器则是将入射的太阳光通过特殊的透镜汇聚到吸收面。反射型聚光器的典型代表是抛物面型聚光器，折射型聚光器主要是菲涅耳式透镜。此外，还有将透射与反射结合的聚光方式。聚光集热器的聚光器部分可以设置太阳跟踪系统，可通过调整方向来获取最大的太阳辐射，也可通过调整吸收器的位置，达到系统最优化集热效果。对于较大型的太阳能集热系统，聚光器可能较大，这样，调整相对小得多的吸收器则容易一些。

本节主要介绍抛物面型聚光器、复合抛物面型聚光器和菲涅耳透镜聚光器。

### 3.4.1　抛物面型聚光器

抛物面型聚光器可以制成二维槽形（如图 3-25 所示），也可以制成三维碟形。吸收面可以是平面的也可以是圆形的。由于太阳张角的原因，对于单级聚光器，以二维槽形聚光器和圆管接收面为例，当开口角 $\phi = 90°$ 时，能达到的最大聚光比也只能是理想最大聚光比的 $1/\pi$，即 $1/4 \sim 1/2$。

图 3-25　抛物面型聚光器

如图 3-26 所示是较为典型的抛物面型聚光器的示意图。

抛物面型聚光器的聚光比受到受热面几何形状影响，若是平面吸热面，聚光比为

$$C_{\mathrm{a}} = \frac{\sin\phi\cos(\phi + \theta_{\mathrm{c}})}{\sin\theta_{\mathrm{c}}} - 1 \tag{3-50}$$

对于三维碟形聚光器结合球形吸收面，聚光比为

太阳辐射

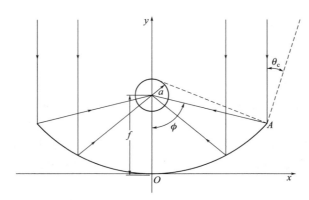

图 3-26　抛物面型聚光器的示意图

$\theta_c$ 为接收半角；$\phi$ 为开口角；$f$ 为抛物线焦距，m；$a$ 为吸收面半径，m

$$C_a = \frac{\sin^2\phi}{4\sin^2\theta_c} \tag{3-51}$$

对于三维碟形聚光器结合平面吸收面，聚光比为

$$C_a = \frac{\sin^2\phi\cos^2(\phi+\theta_c)}{\sin^2\theta_c} - 1 \tag{3-52}$$

## 3.4.2　复合抛物面型聚光器

复合抛物面型聚光器是一种依据边缘光线原理设计的低聚光度非成像聚光器，可将接收角范围内的入射光线按理想聚光比收集到吸收体上，理论上可以达到热力学最大聚光比。CPC 的形面由两个抛物线形的反射器组成，图 3-27 展示了平面吸收体型 CPC 的装置图。

图 3-27　平面吸收体型 CPC 装置图

CPC 能够利用几乎全部接收到的太阳辐射，光效率高；装置接收角大，不需太阳跟踪装置；结构简单，运行维护费用低；在到达地面的太阳辐射相同的条件下，CPC 集热器的最高工作温度远高于普通集热器的工作温度。因此，CPC 集热器已广泛应用于热水、供暖、太阳能光催化废水处理以及太阳能光伏发电、聚焦式复合光电/光热太阳能系统等领域。

（1）平面吸收体型 CPC 结构计算

平面吸收体型 CPC 的计算示意图如图 3-28 所示，这种聚光器是通过形面对太阳辐射的反射将其聚集于出射孔径处的平面型吸收体上，实现集热过程的。CPC 的形面是分别以 $O$ 为顶点（另一个顶点未画出）、吸收体两端点为焦点的抛物线的一部分。

根据聚光比的定义式［式（3-47）］，有 CPC 的聚光比

$$C_a = \frac{D_1}{D_2} = \frac{1}{\sin\theta_c} \tag{3-53}$$

式中　$D_1$——入射光线的进口口径，m；

　　　$D_2$——吸收体口径，m。

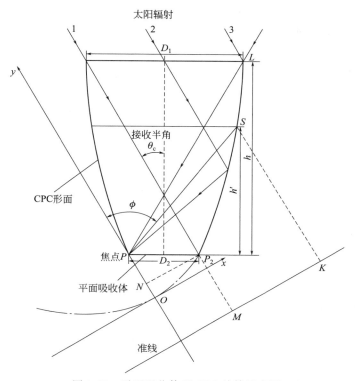

图 3-28　平面吸收体型 CPC 计算示意图

在图 3-28 中，吸收体的两个端点分别为 $P$ 和 $P_2$，作 $P_2$ 垂直于抛物线准线的线段 $P_2M$，由抛物线的几何意义可知 $PP_2 = P_2M = D_2$。作 $P_2$ 垂直于 $y$ 轴的直线 $P_2N$ 交 $y$ 轴于 $N$ 点，则 $PN = D_2\sin\theta_c$，由抛物线的几何意义可知 $PN + P_2M = 2f$，则抛物线的焦距 $f$ 为

$$f = \frac{D_2}{2}(1+\sin\theta_c) \tag{3-54}$$

令抛物线方程为 $y = \frac{1}{4f}x^2$，将式（3-54）带入得 CPC 的抛物线方程为

$$y = \frac{1}{2D_2(1+\sin\theta_c)}x^2 \tag{3-55}$$

CPC 形面上 $L$ 点的横坐标为 $x_L = (D_1+D_2)\cos\theta_c$，带入抛物线方程解得其纵坐标为 $y_L = \frac{D_2}{2}(1-\sin\theta_c)(1+\frac{1}{\sin\theta_c})^2$。CPC 吸收体的端点 $P_2$ 横坐标 $x_2 = D_2\cos\theta_c$，带入抛物线方程解得纵坐标为 $y_2 = \frac{D_2}{2}(1-\sin\theta_c)$。CPC 的高度为

$$h = \frac{(D_1+D_2)}{2\tan\theta_c} \tag{3-56}$$

设反射表面上有一点 $S$，则 $S$ 与 $P_2$ 之间的反射形面弧长可以表示为

$$(dS)^2 = (dr)^2 + r^2(d\phi)^2 \qquad (3\text{-}57)$$

式中　$r$——形面抛物线焦点 $P$ 到形面上 $S$ 点的距离，m；

　　　$\phi$——线段 $PS$ 与 CPC 中心角较远的一个边的切线的夹角。

要求解上述微分方程，需要得到 $r$ 与 $\phi$ 之间的函数关系。作 $S$ 点垂直于抛物线准线的线段 $SK$，其长度为 $\lambda$。根据抛物线几何意义可得 $\lambda = r$，同时，$SK$ 的长度在 $y$ 轴方向上可以分解为 $\lambda = r\cos\phi + 2f$，联立解得

$$r = \frac{f}{\sin^2 \dfrac{\phi}{2}} \qquad (3\text{-}58)$$

等式两边对 $\phi$ 进行微分，得

$$dr = \frac{f\cos\dfrac{\phi}{2}}{\sin^3\dfrac{\phi}{2}}d\phi \qquad (3\text{-}59)$$

代入式（3-57）得

$$\frac{dS}{d\phi} = \left[r^2 + \left(\frac{dr}{d\phi}\right)^2\right]^{\frac{1}{2}} = \frac{f}{\sin^3\dfrac{\phi}{2}} \qquad (3\text{-}60)$$

则反射表面的弧长 $S$ 为

$$S = \int \frac{f}{\sin^3\dfrac{\phi}{2}}\,d\phi \qquad (3\text{-}61)$$

（2）圆柱吸收体型 CPC 结构计算

虽然平面吸收体型 CPC 几何关系简单，易于制造，但是由于平面吸收体不利于保温，而圆柱吸收体比较容易实现真空保温，因此在用于太阳能热水器时，圆柱吸收体型 CPC 比较常见。这种聚光器是通过反射太阳辐射，并将其聚集于底部的圆柱吸收体上实现集热的。

圆柱吸收体型 CPC 的计算示意图如图 3-29 所示。

圆柱吸收体型 CPC 的反射形面由两部分组成，其中 $CA$ 段、$CB$ 段为吸收体圆的渐开线，吸收体圆的圆心为 $O$，半径为 $r$（单位为 m）；$AD$ 段、$BE$ 段为抛物线，右抛物线对称轴 $AE$ 与吸收体圆相切于 $P_1$，左抛物线对称轴 $BD$ 与吸收体圆相切于 $P_2$，$P_2$、$P_1$ 分别为左右抛物线的焦点。$\theta_c$ 为接收半角。$T$ 为抛物线段上的任意一点。基于 CPC 对称轴建立坐标系 $xOy$，基于右抛物线 $AD$ 段对称轴建立坐标系 $XAY$。

渐开线在 $xOy$ 坐标系下的参数方程可表示为

$$\begin{cases} x = r(\sin\varphi - \varphi\cos\varphi) \\ y = -r(\cos\varphi + \varphi\sin\varphi) \end{cases} \quad \left(0 \leqslant \varphi \leqslant \frac{\pi}{2} + \theta_c\right) \qquad (3\text{-}62)$$

式中　$\varphi$——角度变量参数；

　　　$r$——吸收体圆半径，m。

根据渐开线的几何意义可得 $P_1A = r\left(\theta_c + \dfrac{\pi}{2}\right)$，即抛物线的焦距 $f = r\left(\theta_c + \dfrac{\pi}{2}\right)$。设 $P_1T$ 的长度为 $l$（单位为 m）。在坐标系 $XAY$ 中，作 $T$ 点垂直于准线的线段 $TM$ 交准线于 $M$，根据抛物线的几何意义有 $TM = P_1T = l$，则线段 $P_1T$ 的长度在 $Y$ 轴方向可以分解为

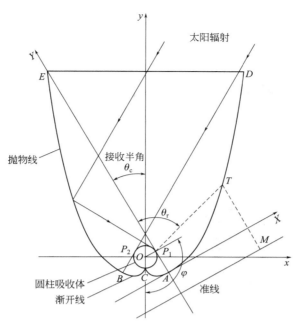

图 3-29　圆柱吸收体型 CPC 计算示意图

$$l = l\cos\theta_r + 2f \tag{3-63}$$

解得

$$l = \frac{2r\left(\theta_c + \dfrac{\pi}{2}\right)}{1 - \cos\theta_r} \tag{3-64}$$

式中　$\theta_r$——抛物线上任意一点 $T$ 到焦点 $P_1$ 的连线与抛物线对称轴 $Y$ 轴之间的夹角。

在坐标系 $xOy$ 中，$T$ 点的坐标可以表示为

$$\begin{cases} x = r\cos\theta_c + l\cos\left(\dfrac{\pi}{2} + \theta_c - \theta_r\right) \\ y = r\sin\theta_c + l\sin\left(\dfrac{\pi}{2} + \theta_c - \theta_r\right) \end{cases} \tag{3-65}$$

将式（3-64）代入式（3-65），可得抛物线在 $xOy$ 坐标系下的参数方程为

$$\begin{cases} x = \dfrac{r}{1-\cos\theta_r}\left[\cos\theta_c(1-\cos\theta_r) + (2\theta_c+\pi)\sin(\theta_r-\theta_c)\right] \\ y = \dfrac{r}{1-\cos\theta_r}\left[\sin\theta_c(1-\cos\theta_r) + (2\theta_c+\pi)\cos(\theta_r-\theta_c)\right] \end{cases} \tag{3-66}$$

（3）CPC 集热器的热效率

CPC 集热器的热效率，可定义为聚光系统得到的有用热量与投射的总太阳辐射能量之比，表达式为

$$\eta_c = \frac{q_u A_r}{(G_{b,c} + G_{d,c}) A_a} \tag{3-67}$$

式中　$q_u$——集热器得到的有用热量，$W/m^2$；

$G_{b,c}$——聚光器入口平面上的太阳直射辐照度，$W/m^2$；

$G_{d,c}$——聚光器入口平面上的太阳散射辐照度，$W/m^2$；

$A_r$——集热器上吸收体的有效面积，$m^2$；

$A_a$——聚光器入口平面的面积，$m^2$。

### 3.4.3 菲涅耳透镜聚光器

菲涅耳透镜是一种将透镜的表面制成棱镜面，可将投射到棱镜的太阳光汇聚到吸收面的透镜，如图 3-30 所示。它可以将阳光聚集在一条线上，也可以聚焦到点上，示意图如图 3-31 所示。

图 3-30　菲涅耳透镜实物图

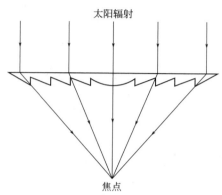

图 3-31　菲涅耳透镜聚光器示意图

对于大型太阳能集热系统，相对于其他反射式聚光器，采用菲涅耳透镜聚光器具有聚光面小，风对聚光器造成负荷低，材料加工简化等优点。此外，对于加工安装带来的对太阳跟踪的误差，菲涅耳棱镜聚光系统是平面反射聚光系统的 1/4～1/2，其缺点是透镜的加工比平面反射镜片复杂。

## 3.5 集热器最佳安装倾角

集热器的安装倾角是影响集热系统集热效率的主要因素。对于固定倾角的集热器，必然存在一个最佳安装倾角使集热器集热效率最高。对于集热器最佳安装倾角的确定，目前存在两种主流方法，一种是以使用周期内收集的太阳能最多为原则，另一种是以集热器年需辅助加热量最小为原则。

不管采用哪种方法，为了使太阳能集热器接收到的太阳辐射最多，在北半球，集热器总是朝向正南放置，即取 $\gamma=0°$。如果受到地形条件限制不能朝向正南，方位角的变化也应该在 15° 以内。

根据使用周期内收集的太阳能最多为原则设计最佳安装倾角时，对于全年，一般取倾斜角 $\beta$ 等于地理纬度 $\varphi$；对于春分到秋分，取 $\beta=\varphi-(10°\sim15°)$；对于秋分到第二年春分，取 $\beta=\varphi+(10°\sim15°)$。部分城市集热器最佳安装倾角见附录 2。

对于太阳能热水系统集热器最佳安装倾角的确定，仅仅以使用周期内收集的太阳能最多为原则显然是不够的，还需要考虑不同季节系统热负荷的变化。夏季太阳能资源丰富，但此时所需热水量较少，系统热负荷并不大；冬季太阳辐射较少，系统热负荷却较大，热水相对紧缺，需要采用辅助加热的办法弥补热量的不足。因此，以集热器年需辅助加热量最小为目标设计的安装倾角更为合理。

设第 $i$ 月任意倾角的集热器得热量为 $Q_{ui}$，系统热负荷为 $Q_{ri}$，则第 $i$ 月集热器提供的热量满足热负荷的程度表示为：

$$\Delta Q_i = Q_{ui} - Q_{ri} \tag{3-68}$$

$\Delta Q_i > 0$ 时表示该月集热器得热量满足系统热负荷的需求，反之则不满足。

则年需最小辅助加热量 $\Delta Q$ 为：

$$\Delta Q = \min \sum_{i=1}^{12} \Delta Q_i^* \tag{3-69}$$

$$\Delta Q_i^* = \begin{cases} 0 & \Delta Q_i \geqslant 0 \\ |\Delta Q_i| & \Delta Q_i < 0 \end{cases} \tag{3-70}$$

$\Delta Q$ 所对应的集热器倾斜角即为最佳安装倾角，当集热器面积较大，全年集热器得热量均能满足系统热负荷的需求，即 $\Delta Q = 0$ 时，最佳倾角为全年得热量最大时的倾角。

# 第4章
# 太阳能热利用

将太阳辐射能转换为热能并加以利用的过程，简称太阳能热利用，它是太阳能利用中的一个重要组成部分。太阳能热利用主要包括：太阳能热水系统、太阳能暖房、太阳能制冷、太阳能热发电、太阳能海水淡化、太阳能干燥等。本章将对上述各种主要热利用方法的原理、特点、典型工艺及设备等逐一展开介绍。

## 4.1 太阳能热水系统

太阳能热水系统就是利用太阳能集热器收集太阳辐射能，将辐射能转化为热能，用于加热水的系统。

太阳能热水系统主要由太阳能集热器、储水箱、热交换器、管道、支架、阀门及控制系统等组成。其运行受到天气、昼夜、地理等因素影响，具有间歇性、不稳定性和地区性差异，因此在太阳能热水系统中，可以根据具体情况选择是否加装辅助加热系统或储热装置；是采用自然上水循环，还是采用加装水泵的强制循环。

目前在太阳能热利用中，太阳能热水系统是技术成熟、经济价值高、商业化最好的一种产品。本节将对常用及典型的太阳能热水系统进行介绍。

### 4.1.1 太阳能热水系统分类

为满足人民生活和工农业生产中不同用户的使用要求，工程设计及科研工作者根据不同的设计理念及原则，设计出了多种类型的太阳能热水系统。

《太阳热水系统性能评定规范》（GB/T 20095—2006）对太阳能热水系统按照 4 个特征进行了分类，其中每个特征又可分为 2～3 种类型，如表 4-1 所示。

**表 4-1　太阳能热水系统的分类**

| 特征 | 系统类型 | | |
| --- | --- | --- | --- |
| | 类型 1 | 类型 2 | 类型 3 |
| 1 | 直接系统 | 间接系统 | — |
| 2 | 自然循环系统 | 强制循环系统 | 直流式系统 |
| 3 | 敞开系统 | 开口系统 | 封闭系统 |
| 4 | 太阳能单独系统 | 太阳能带辅助能源系统 | — |

太阳能热水系统根据其 4 个特征分类如下。

（1）储水箱内水被加热的方式

直接系统：储水箱内的水直接流经太阳能集热器被加热的系统。

间接系统：储水箱内的水通过换热器被太阳能集热器内的传热工质加热的系统。

（2）系统传热工质的流动方式

自然循环系统：也称为热虹吸系统，仅依靠传热工质的密度变化来实现集热器和储热装置（或换热器）之间进行循环的系统。

强制循环系统：也称为强迫循环系统或机械循环系统，即利用泵或其他外部动力迫使传热工质进行循环的热水系统。

直流式系统：待加热的传热工质一次流过集热器后，进入储热装置或进入使用辅助能源加热设备的系统。

（3）系统传热工质与大气相通的状况

敞开系统：传热工质与大气有大面积接触的系统。

开口系统：传热工质与大气的接触处仅限于补给箱和膨胀箱的自由表面或排气管开口的系统。

封闭系统：传热工质与大气完全隔绝的系统。

（4）系统有无辅助热源

太阳能单独系统：没有任何辅助能源的太阳能热水系统。

太阳能带辅助能源系统：太阳能和辅助能源联合使用，并可不依赖太阳能而提供所需热能的太阳能热水系统。

## 4.1.2　太阳能热水系统简介

根据传热工质的流动方式，太阳能热水系统可分为三种，即自然循环系统、强制循环系统和直流式系统，这三种系统涵盖了几乎所有常见的太阳能热水系统，下面逐一进行介绍。

（1）自然循环系统

自然循环系统是依靠集热器和储水箱间水的密度差引起浮升力，产生热虹吸现象，从而使水在集热器和储水箱之间循环的系统。

为了维持必要的热虹吸压头，储水箱要置于集热器的上方。系统运行过程中，水在集热器中接收太阳辐射能并被加热，温度升高。加热后的水在密度差产生的浮升力的推动下在集热器内逐渐上升，从集热器的上循环管进入储水箱的上部，同时，储水箱底部的冷水由下循环管流入集热器的底部。经过不断循环加热，储水箱中的水达到可使用的温度。

自然循环太阳能热水系统是国内采用最早的、大规模应用的系统。其优点是：系统结构简单，运行安全可靠，成本较低，管理维护方便；缺点是：为了维持必要的热虹吸压头，储水箱必须置于集热器的上方，且保持 1~2m 的高度差，同时还要采取多种措施减小系统循环阻力，如选用较大的管径，管路尽量短、管路少拐弯等。因此，考虑到建筑布置和荷重设计，自然循环系统主要用于家用太阳能热水器和中小型太阳能热水系统。

在实际应用中，自然循环太阳能热水系统有多种形式，如顶水使用的系统、落水使用的系统、自然循环定温放水系统、带辅助加热的自然循环系统、带电自动控制上热水等。

① 顶水、落水使用系统。取用热水时，有两种方法，即顶水法和落水法。

顶水法系统含有补给水箱，用热水时，补给水箱向储水箱补充冷水，同时，储水箱上层热水被顶出，其水位由补给水箱内的浮球阀控制，如图 4-1（a）所示。由于储水箱内的上层水温高，所以使用者一开始就可以获得热水，但是进入储水箱底部的冷水会和储水箱内的热水掺混，导致可使用的热水量减少。

　　落水法系统没有补给水箱，热水直接从储水箱底部流出使用，如图 4-1（b）所示。虽然用这种方法可以避免冷热水掺混造成的热水损失，省去了补给水箱，系统更加简单，但是使用热水前必须将储水箱底部及管路中温度较低的水排放掉。家用太阳能热水器一般采用这种型式。

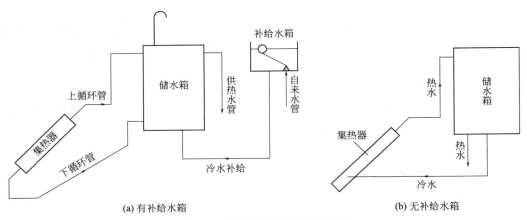

(a) 有补给水箱　　　　　　　　　　　　　　(b) 无补给水箱

图 4-1　自然循环太阳能热水系统

　　最常见的家用太阳能热水器是水箱、集热器一体式结构的自然循环太阳能热水器，如图 4-2 所示，这种热水器的主要部件是太阳能集热器、储水箱、支架、阀门、管路及保温材料等。

　　图 4-3 是一体式真空管太阳能热水器的工作原理示意图，其工作原理与自然循环太阳能热水系统相似。在系统运行过程中，水在真空管集热器中接收太阳辐射能被加热，致使水温升高。在真空管集热器和水箱中，由于水温不同产生密度差，形成自然对流，温度较高的水不断进入水箱，最终使整个水箱的水温度升高。给热水器供冷水依靠的是自来水的水压，当水压不足时，可使用水泵供水。使用热水时，采用落水法，热水依靠重力自然流出。

图 4-2　水箱、集热器一体式太阳能热水器结构图

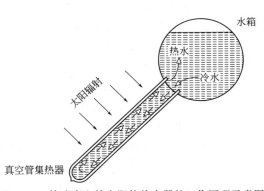

图 4-3　一体式真空管太阳能热水器的工作原理示意图

　　② 自然循环定温放水系统。自然循环定温放水系统是在自然循环系统的基础上改进而成的，增加了循环水箱、电磁阀和温度计，如图 4-4 所示。集热器和循环水箱组成循环回

路，循环水箱上部接温度计，当水温达到预定温度后，温度计发出讯号，通过继电器打开出水管上的电磁阀，采用顶水法，将热水放出到储水箱中，同时从循环水箱下部补充冷水，当水温低于设定值后，电磁阀关闭。如此循环，一定时间后储水箱可获得足够使用的热水。

相对于自然循环系统，该系统有两个优点：循环水箱只具有循环功能，其体积可以设计得足够小，充分利用日照较强时段生产热水，加热速率快；储水箱可以安放在较低位置。其适用于大型太阳能热水系统。该系统的缺点是：增加了循环水箱、电磁阀和温度计，设备投资和维护费用提高；对储水箱保温性能要求提高。

③ 带辅助加热的自然循环系统。在阴天等太阳能不足的情况下，为保障稳定供应热水，可在太阳能热水系统中使用辅助能源供热。辅助能源一般采用电能，此外也可以采用燃气、燃油等。带辅助加热的自然循环太阳能热水系统如图 4-5 所示。

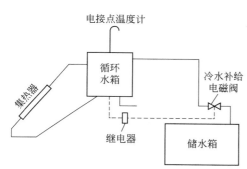

图 4-4　自然循环定温放水系统

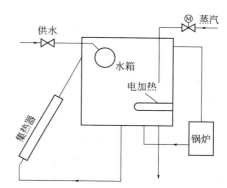

图 4-5　带辅助加热的自然循环太阳能热水系统

电辅助加热还可分为电加热管、电锅炉和热泵等类型。电加热管和电锅炉虽然具有安全可靠、启停速度快、水温易调节等优点，但是将作为高品位能源的电能转化为热能，造成能源浪费。采用热泵可以充分利用周围环境中的低品位热能，具有较好的节能特性。

太阳能热水器与热泵组合有两种方式：一种是把热泵作为太阳能供热系统的一部分，仅当太阳光照不足时启动热泵供热；另一种是将太阳能集热器的热量直接传递给热泵，或者把集热器的循环流体作为热泵热源，或把热能储存起来在环境热源温度降低时作为热泵的补充热源，总之，加热水所需热量仅由热泵提供。

热泵主要分为水源热泵、地源热泵和空气源热泵，可根据当地气候特点选择合适的类型，其中与太阳能结合最广泛的是空气源热泵。

太阳能-空气源热泵热水器主要由太阳能集热/蒸发器、压缩机、冷凝器、膨胀阀、储水箱等组成，如图 4-6 所示。太阳能集热器与蒸发器结合成一体。制冷剂经膨胀阀节流膨胀后压力和温度都降低。低温、低压的制冷剂流入蒸发器，通过吸收太阳能和空气能而蒸发。蒸发后的制冷剂被压缩机吸入并压缩为高温、高压气体，然后制冷剂被排入冷凝器中冷凝放热，冷凝后的制冷剂再次进入膨胀阀膨胀，然后重新流入蒸发器，重复进行上述循环。水作为冷凝器中的冷却介质，吸收制冷剂冷凝时放出的热量后温度升高成为热水，热水进入储水箱储存待用。

太阳能-空气源热泵热水器兼有太阳能热水器和空气源热泵的优点，生产热水稳定，不受昼夜和天气变化的影响，能耗小，使用寿命达十年以上，应用前景广阔。

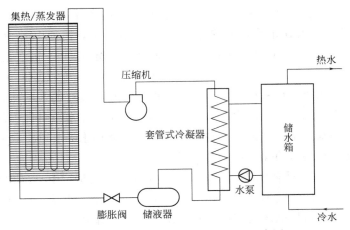

图 4-6　太阳能-空气源热泵热水器示意图

（2）强制循环系统

强制循环系统是利用水泵使水在集热器和储水箱之间强制循环的系统，广泛应用于大型太阳能热水系统中，如图 4-7 所示。

在集热器出口和储水箱底部各安装一个测温探头。有太阳辐射时，当这两处的测量温差达到设定值，通过控制器开启水泵，将储水箱底部的低温水泵入集热器，把集热器中的高温水置换到储水箱上部；当两处的测量温差小于设定值时，控制器关闭水泵。集热器水泵入口前装有止回阀，防止夜间热水由集热器逆流回水箱底部，产生不必要的热损失。

这种系统由于使用水泵，使循环动力增加，有利于准确控制集热器中的冷水输入和热水输出，提高热利用率；但该系统存在需要耗电、控制装置需要维护等问题。

（3）直流式系统

直流式系统是非循环热水系统。冷水流过集热器，在集热器内升温后，进入储水箱或直接到达用水处。直流式系统有热虹吸型和定温放水型两种。

① 热虹吸型。热虹吸型直流式太阳能热水系统由集热器、储水箱、补给水箱和连接管路组成，如图 4-8 所示。其原理与自然循环热水系统类似，区别是集热器中循环水来自补给水箱而不是储水箱。

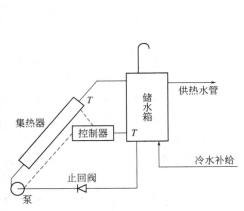

图 4-7　强制循环太阳能热水系统

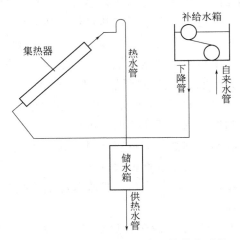

图 4-8　热虹吸型直流式太阳能热水系统

当集热器受到太阳照射时，集热器内部的水温升高，产生热虹吸压头，从而使热水流入储水箱，同时补给水箱内的冷水经下降管流入集热器。该系统中，水流量根据太阳照射强度自动调节，而热水温度不能按需调节。补给水箱中的水位由箱中的浮球阀控制，要求补给水箱中的水位与集热器热水出口管（上升管）最高位置一致。这种系统目前实际应用较少。

② 定温放水型。定温放水型直流式太阳能热水系统是我国科学家首先提出的，目的是得到符合用户需求温度的热水，系统如图 4-9 所示。

集热器进口管与自来水管连接，进口处安装电动阀，出口处安装测温元件，测温元件通过温度控制器控制电动阀的开度，根据用户设定水温调节水流量，使出口水温保持恒定。为了减少电动阀和控制器的设计难度，也可以在集热器出口处安装智能开关的电动阀。当集热器出口水温达到设定值时，电动阀打开，集热器中的热水流入储水箱，同时自来水补充进入集热器；当集热器出口水温低于设定值时，关闭电动阀，如此不断循环供应热水。

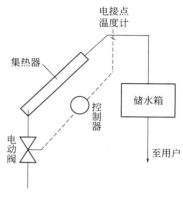

图 4-9　定温放水型直流式
太阳能热水系统

定温放水型直流式太阳能热水系统的优点是：储水箱可以低于集热器，放置在室内，从而减轻屋顶载荷，减少水箱对外界环境的热损失；自来水压头是水循环的动力，不需要设置水泵和补给水箱；晴天时，能够比自然循环系统更早供应热水；光照不足时，只会影响所得热水量，不会影响热水水温；避免了热水与集热器进口冷水的掺混；水温可控；冬季夜间系统排空防冻容易实现。其主要缺点是：系统运行的可靠性很大程度上受到温度控制器和电动阀工作质量的影响，设备维护费用提高。

总之，该系统更加可控、智能化，布置更加灵活，适用于大、中型太阳能热水系统，在国内已有一定量的应用。

### 4.1.3　自然循环系统流量计算

以图 4-10（a）所示的自然循环系统为例，系统中被加热流体的自然循环流量取决于各瞬间的热虹吸压头，而热虹吸压头取决于水的密度差，密度差又与系统各部分水的温度变化有关。为了简化计算，假设上、下循环管的保温很好，其向环境的热损失可忽略不计；同时假设集热器及储水箱内部水温及密度分布为近似直线关系，如图 4-10（b）所示。

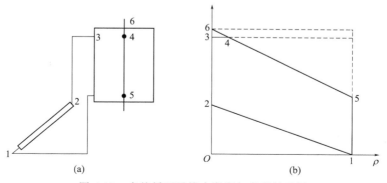

图 4-10　自然循环系统中密度与高度关系图

由于液体静压力等于液体密度与高度的乘积，假设液体是水，根据图 4-10（b）中五边形 123451 的面积 $S_{123451}$，可求出系统的热虹吸压头 $h_{th}$：

$$h_{th} = \int h \, d\rho g = S_{123451} \times g$$

$$= (\rho_1 - \rho_2)(h_3 - h_1)g - \frac{1}{2}(\rho_1 - \rho_2)(h_2 - h_1)g$$

$$- \frac{1}{2}(\rho_1 - \rho_4)(h_3 - h_5)g \tag{4-1}$$

式中　　　　　　　　$h$——系统中某处相对于基准面的高度，m；

$\rho$——水的密度，$kg/m^3$；

$\rho_1$，$\rho_2$，$\rho_4$——系统中 1、2、4 点处水的密度，$kg/m^3$；

下标 1，2，3，4，5，6——系统中各点。

又根据相似关系可得：

$$\frac{\rho_1 - \rho_4}{\rho_1 - \rho_2} = \frac{h_3 - h_5}{h_6 - h_5} \tag{4-2}$$

将式（4-2）代入式（4-1）中可得：

$$h_{th} = \frac{1}{2}(\rho_1 - \rho_2)g\left[2(h_3 - h_1) - (h_2 - h_1) - \frac{(h_3 - h_5)^2}{h_6 - h_5}\right]$$

$$= \frac{1}{2}(\rho_1 - \rho_2)g f(h) \tag{4-3}$$

$f(h)$ 为位置函数

$$f(h) = \left[2(h_3 - h_1) - (h_2 - h_1) - \frac{(h_3 - h_5)^2}{h_6 - h_5}\right] \tag{4-4}$$

式（4-3）表明，热虹吸压头与集热器进、出口的流体密度差以及系统的几何设计参数 $f(h)$ 成正比。该热虹吸压头至少要等于或大于管路中流体的总摩擦阻力，才能使流体循环流动。

由第 3 章式（3-33）可得系统质量流量 $\dot{m}$ 的表达式为：

$$\dot{m} = \frac{A_c F_R [S - U_L(T_{f,i} - T_a)]}{c_p \Delta T_f} \tag{4-5}$$

又由式（3-34）可知

$$F_R = \frac{\dot{m}c_p}{A_c U_L}\left[1 - e^{-(A_c U_L F'/\dot{m}c_p)}\right]$$

将式（3-34）代入式（4-5）可得

$$\dot{m} = \frac{-U_L F' A_c}{c_p \ln\left[1 - \dfrac{U_L(T_{f,o} - T_{f,i})}{S - U_L(T_{f,i} - T_a)}\right]} \tag{4-6}$$

## 4.1.4　建筑供热水系统

根据太阳能热水系统集热与供热水的形式不同，GB 50364—2018《民用建筑太阳能热水系统应用技术标准》把太阳能热水系统分为：集中-集中供热水系统，分散-分散供热水系统，集中-分散供热水系统。

（1）集中-集中供热水系统

集中-集中供热水系统是指采用集中的太阳能集热器和集中的储水箱，供给一栋或多栋建筑物所需热水的系统，如图 4-11 所示。该系统的集热器布置在屋顶，并设置多个水箱，水箱容积一般在 1 吨以上，通过水泵驱动水在集热器和储水箱之间循环，从而获得热水。水箱中的热水通过水泵送至用户端。当太阳能不足时，启动辅助热源为系统加热。

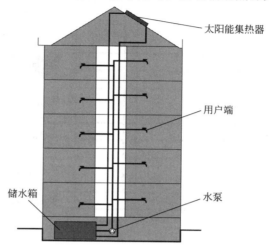

图 4-11　集中-集中供热水系统

集中-集中供热水系统技术上比较成熟，但为了保证供热水的温度，辅助热源需要频繁启动，系统能耗高，从而热水费用较高，难以成功应用。

（2）分散-分散供热水系统

分散-分散供热水系统是采用分散的太阳能集热器和分散的储水箱，供给各个用户所需热水的系统，适合用于多层建筑、别墅、联排住宅。对于不同的建筑类型，分散-分散供热水系统的安装、运行方式也有所不同。别墅、联排住宅采用一体式太阳能热水器或分体式别墅型太阳能热水系统，多层及高层住宅采用阳台挂壁式太阳能热水系统。

（3）集中-分散供热水系统

集中-分散供热水系统是集中采用太阳能集热器，分散采用储水箱，为一栋建筑物提供所需热水的系统。一般集热器布置在屋顶，在屋顶或地下室安装一个 0.3～1t 的公用水箱，通过水泵驱动水在集热器中循环加热，使得公用水箱内的水温达到所需温度，再通过水泵将热水输送到各用户的储水箱中，加热用户储水箱内的生活用水。辅助加热器一般为电加热，设置在用户的户内水箱中。太阳能集中-分散供热水系统示意图如图 4-12 所示。

## 4.1.5　系统热负荷

（1）日耗热量与热水量

全日供热水的建筑，如住宅、别墅、酒店、宿舍、医院等，日耗热量可按式（4-7）计算：

$$Q_d = mq_r c_p (t_r - t_1) \rho_r C_L \tag{4-7}$$

式中　$Q_d$——日耗热量，kJ/d；

　　　$m$——用水计算单位数（人数或床位数）；

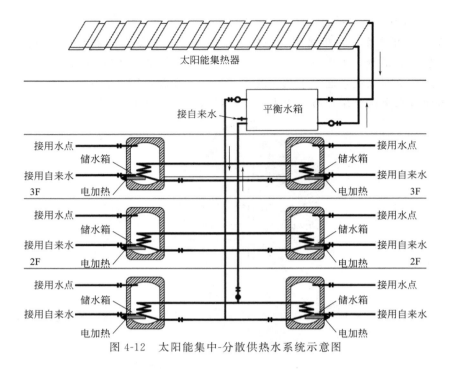

图 4-12    太阳能集中-分散供热水系统示意图

$q_r$——热水用水定额，可参考附录 3，$L/(人 \cdot d)$；

$c_p$——水的定压比热容，$c_p = 4.187 kJ/(kg \cdot ℃)$；

$C_L$——热水供应系统的热损失系数，取 $1.10 \sim 1.15$；

$\rho_r$——热水密度，$kg/L$；

$t_r$——热水温度，$t_r = 60℃$，℃；

$t_1$——冷水温度，按附录 4 选用，℃。

不同建筑物的用水要求在 GB 50015—2019《建筑给水排水设计标准》中有明确规定。住宅和公共建筑内，生活热水用水定额应根据水温、卫生设备完善程度、热水供应时间、当地气候条件、生活习惯和水资源情况等确定。系统提供的热水量可用式（4-8）计算：

$$q_{r,d} = \frac{Q_d}{c_p \rho_r (t_r' - t_1') C_L} \tag{4-8}$$

式中    $q_{r,d}$——设计日热水量，$L/d$；

$t_r'$——设计热水温度，℃；

$t_1'$——设计冷水温度，℃。

系统提供的热水量可按照式（4-9）估算：

$$q_{r,d} = q_r m \tag{4-9}$$

（2）小时耗热量与热水量

① 全日集中供应热水的建筑物。全日供应热水的建筑物，如住宅、别墅、招待所、旅馆、宾馆、医院等，集中热水供应系统的设计小时耗热量可按式（4-10）计算

$$Q_h = K_h \frac{m q_r c_p \rho_r (t_r - t_1)}{T} C_L \tag{4-10}$$

式中    $Q_h$——设计小时耗热量，W；

$T$——每日使用时间（按附录选用），h;

$K_h$——热水小时变化系数，可按表 4-2 中的数据选取，其值应根据热水用水定额、使用人（床）数取值。当热水用水定额高、使用人（床）数多时取低值，反之取高值。使用人（床）数小于或等于下限值及大于或等于上限值时，$K_h$ 就取上限值及下限值，中间值可用定额与人（床）数的乘积作为变量采用内插法求得。

**表 4-2　热水小时变化系数 $K_h$ 值**

| 类别 | 住宅 | 别墅 | 酒店式公寓 | 宿舍（居室内设卫生间） | 招待所、培训中心、普通旅馆 | 宾馆 | 医院、疗养院 | 幼儿园、托儿所 | 养老院 |
|---|---|---|---|---|---|---|---|---|---|
| 热水用水定额/[L/人（床）·d] | 60~100 | 70~110 | 80~100 | 70~100 | 25~40<br>40~60<br>50~80<br>60~100 | 120~160 | 60~100<br>70~130<br>110~200<br>100~160 | 20~40 | 50~70 |
| 使用人（床）数 | 100~6000 | 100~6000 | 150~1200 | 150~1200 | 150~1200 | 150~1200 | 50~1000 | 50~1000 | 50~1000 |
| $K_h$ | 2.75~4.8 | 2.47~4.21 | 2.58~4.00 | 3.20~4.80 | 3.00~3.84 | 2.60~3.33 | 2.56~3.63 | 3.20~4.80 | 2.74~3.20 |

② 定时集中供应热水的建筑物。对于定时集中供应热水的建筑，如工业企业生活间、公共浴室、宿舍（设公用盥洗卫生间）、剧院化妆间、体育场（馆）运动员休息室等，其集中热水供应系统的设计小时耗热量可按下式计算：

$$Q_h = \sum q_h (t_{r1} - t_1) \rho_r n_0 b c_p C_L \qquad (4\text{-}11)$$

式中　$Q_h$——设计小时耗热量，kJ/h;

$q_h$——卫生器具的小时用水定额，按 GB 50015—2019 中表 6.2.1-2 选用，L/h;

$t_{r1}$——使用温度，按 GB 50015—2019 中表 6.2.1-2 选用，℃;

$n_0$——同类型卫生器具数;

$b$——同类型卫生器具的同时使用占比。住宅、旅馆、医院、疗养院病房、卫生间内浴盆或淋浴器可按 70%~100% 计，其他器具不计，但定时连续供水时间应大于或等于 2h；工业企业生活间、公共浴室、宿舍（设公用盥洗卫生间）、剧院、体育场（馆）等的浴室内的淋浴器和洗脸盆均按 100% 计；住宅一户设有多个卫生间时，可按一个卫生间计算。

③ 其他建筑。具有多种使用功能的综合性建筑，当其热水由同一热水系统供应时，设计小时耗热量可按同一时间内出现用水高峰的主要用水部门的设计小时耗热量加上其他用水部门的平均小时耗热量计算。

（3）设计小时热水量的计算

$$q_{r,h} = \frac{Q_h}{(t'_r - t_1) c_p \rho_r C_L} \qquad (4\text{-}12)$$

式中　$q_{r,h}$——设计小时热水量，L/h。

## 4.1.6　太阳能集热器的选用

目前太阳能集热器的类型主要有平板式、热管式、真空管式 3 种，这 3 种集热器各有优缺点，具体使用哪种集热器，要综合考虑当地的太阳能资源条件、气候条件、水质、经济条件、维护需求、使用寿命和建筑一体化的要求等多方面因素。目前，真空管集热器和平板集热器在全国范围内的应用较广。

平板集热器热效率高、免维护、寿命 15 年、与建筑结合性好、性价比高，但是不抗冻，因此适合在冬天不结冰或少结冰的地区使用，如江苏、云南、海南、广西等南方地区，也适合工业大规模使用。真空管集热器较为抗冻，性价比也比热管、U 形管高，但是不承压、易爆裂、易结水垢，因此适合在除严寒地区以外的冬季结冰地区使用。热管式太阳能集热器抗－40℃低温，但是造价高、热效率最低。东北三省、内蒙古、新疆和西藏等严寒地区就必须选用热管式太阳能集热器。

# 4.2　太阳能暖房

太阳能暖房是利用太阳能采暖的建筑的总称。太阳能暖房节省了煤炭、电力等能源的消耗，属于节能建筑，特别适合在日照充足的地区使用。按照太阳能暖房是否使用机械动力设备，将其分为主动式和被动式两大类。

## 4.2.1　主动式太阳能暖房

主动式太阳能暖房通过采用系统集热、储热、循环和控制设备等实现供热。系统一般由太阳能集热器、储水箱、散热器、循环管道、泵及控制系统等组成。图 4-13 是主动式太阳能暖房的示意图，它通过屋顶的平板集热器收集太阳能，利用泵或风机输送载热工质水或空气，将多余的热量储存起来备用。其主要优点是室温易于控制；缺点是系统设备较多，初投资较高，系统设备需要定期维护。目前主动式太阳能暖房在我国还未得到广泛使用。

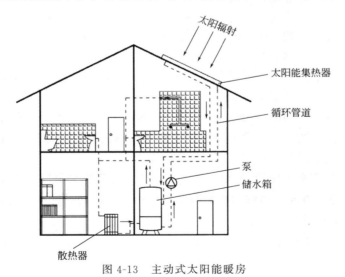

图 4-13　主动式太阳能暖房

## 4.2.2　被动式太阳能暖房

被动式太阳能暖房是根据当地气候条件，不添置其他附加设备，仅通过建筑设计及建筑材料的选择，来提高墙壁、屋顶的热工性能，使房屋在冬季尽可能多地吸收、存储和利用太阳能，达到采暖的目的。

　　根据建筑的布局不同，被动式太阳能暖房可分为直接受益窗型、集热储热墙型、直接受益窗与集热储热墙结合型等类型。

　　直接受益窗型太阳能暖房如图 4-14 所示。其特点是增大了暖房的南向玻璃窗面积，白天让更多的阳光直射入室内，使室温上升，且多余的热量被地面、墙面吸收储存；夜晚降温时，将玻璃窗位置上的保温板、帘等关闭，使白天蓄积在地面、墙面内的热量向外释放，将室温维持在较高的水平。这种形式的太阳能暖房构造简单，白天升温较快，但日夜温度波动幅度大，且白天室内的眩光问题不易得到解决。

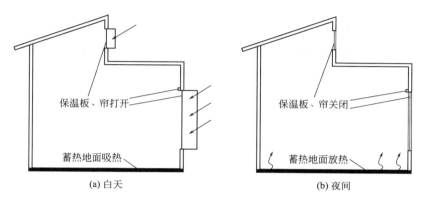

图 4-14　直接受益窗型太阳能暖房

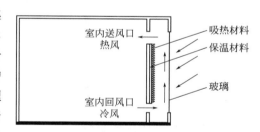

图 4-15　集热储热墙型太阳能暖房

　　集热储热墙型太阳能暖房如图 4-15 所示。在集热墙房间南面外墙上设置带玻璃外罩的吸热墙体，白天接受阳光照射时，墙体表面及间层中的空气升温。夜间墙体加热间层内的空气，维持室温。这种形式的太阳能暖房比直接受益窗型结构复杂，清理维修较麻烦，白天室温升温慢，但由于集热储热墙具有较好的储热能力，可在夜间向室内供热，因此室内的温度波动小。

　　直接受益窗与集热储热墙结合型，即将前面简述的两种基本类型的被动式太阳能暖房组合起来的形式，此处不再赘述。

# 4.3　太阳能制冷

　　太阳能制冷是太阳能利用的另一种形式。对于太阳能热水系统等太阳能热利用方式而言，在夏季产热量最大的季节，并不是用热量最大的季节，产热和用热匹配性不好，而对于太阳能制冷而言，在夏季，太阳辐照量与制冷需求量同时增加，其供给与需求间的匹配性良好。

　　太阳能制冷主要有两条途径，一是太阳能光热转换制冷，二是太阳能光电转换制冷。本节将主要介绍太阳能光热转换制冷，顺带介绍太阳能光电转换制冷，虽然太阳能光电转换制冷不属于太阳能热利用的范畴。

### 4.3.1 光热转换制冷

太阳能光热转换制冷是将太阳辐射能转换成热能，利用热能实现制冷的方法，具体方式包括：太阳能吸收式制冷、太阳能吸附式制冷、太阳能喷射式制冷和太阳能溶液除湿冷却制冷等。通常主要采用太阳能吸收式制冷，其次是太阳能吸附式制冷。

（1）太阳能吸收式制冷

太阳能吸收式制冷是利用太阳能为吸收式制冷循环供热的制冷方法，其工作原理示意图如图 4-16 所示。载热工质（通常是水）在太阳能集热器中被加热后进入发生器，将热量供给发生器中由制冷剂-吸收剂组成的工质对溶液（如水-溴化锂溶液或氨-水溶液）。溶液被加热后，其中的低沸点组分制冷剂蒸发；蒸发后的制冷剂蒸气进入冷凝器，被冷凝成液体；制冷剂液体再经过节流阀节流降压、降温，然后进入蒸发器中吸热蒸发制冷；之后制冷剂蒸气进入吸收器，来自发生器且经过节流降压的浓溶液吸收制冷剂，使浓溶液被稀释，同时吸收过程中放出的热量被冷却水带走；吸收器流出的稀溶液被泵加压，送入溶液热交换器，被来自发生器的浓溶液加热后，进入发生器补充溶液，由此完成一次循环。

太阳能吸收式制冷，对环境友好；整套装置除了泵外，绝大部分是换热设备和阀件，运转安静。

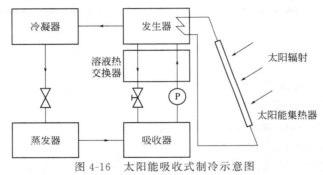

图 4-16　太阳能吸收式制冷示意图

（2）太阳能吸附式制冷

如图 4-17 所示，以沸石作为吸附剂、水作为制冷剂为例。其工作原理是：白天，太阳加热沸石，沸石吸附容量降低，水（制冷剂）被解析出来，被冷凝后流入水箱；晚上，环境温度降低，沸石吸附容量增大，导致水被吸附，被迫从水箱内吸热蒸发，使水箱内水温降低，降温后水可用于制冷。吸附、解析过程周期交替进行。太阳能吸附式制冷的特点是制冷量小，但不消耗电能。

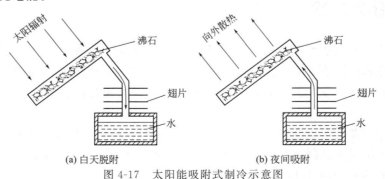

(a) 白天脱附　　　　　　　　　　(b) 夜间吸附
图 4-17　太阳能吸附式制冷示意图

## 4.3.2　光电转换制冷

光电转换制冷是利用太阳能光伏发电所产生的电能供给常规蒸气压缩式制冷系统或者半导体制冷系统等。光电转换制冷不属于太阳能热利用，但在本节介绍太阳能制冷中，顺带予以简单介绍。

（1）光电压缩式制冷

光电压缩式制冷系统如图 4-18 所示。

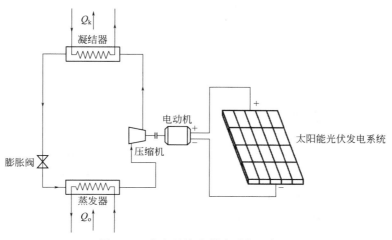

图 4-18　光电压缩式制冷系统示意图

该系统由光伏发电系统和蒸气压缩式制冷系统组成，利用光伏发电系统驱动常规蒸气压缩式制冷系统工作。制冷量和制冷的性能系数远高于半导体制冷，但是需要使用运转设备压缩机。由于增加了光伏发电装置，光电压缩式制冷系统比常规压缩式制冷系统投资高。但随着光伏发电成本的降低，光电压缩式制冷将具有良好的应用前景。

（2）光电半导体制冷

半导体制冷，也称为半导体热电制冷或者温差电制冷，即利用半导体热电效应的一种制冷方法。半导体热电效应也称珀耳帖效应。

如图 4-19 所示，半导体制冷采用 N 型（电子型）与 P 型（空穴型）两种不同的半导体材料构成一个回路，在回路中通入直流电时，两种材料的连结点处一个变冷、一个变热；若电流反向，则冷、热结点也反向。半导体制冷的特点是设备简单，需要使用直流电，没有噪声，但制冷量小。

光电半导体制冷系统如图 4-20 所示。

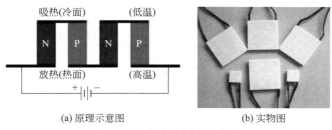

(a) 原理示意图　　　　(b) 实物图

图 4-19　半导体制冷示意图

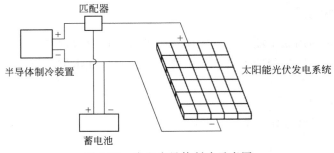

图 4-20　光电半导体制冷示意图

　　该系统制冷量比较小，制冷性能系数（COP）远低于蒸气压缩式制冷，但系统简单，没有机械运转设备，可用于对制冷量需求小的电子器件制冷等方面。

# 4.4　太阳能热发电

　　太阳能热发电也叫聚光型太阳能热发电系统，是一种可集中规模化的清洁能源发电方式。通过特制的采集装置，将太阳辐射能采集、聚焦到吸收装置表面，并将其转换成热能，通常用以加热水、空气或其他介质。

　　本节主要介绍常用的塔式、槽式及蝶式等聚光型光热发电系统。

## 4.4.1　塔式光热发电

　　（1）塔式光热发电技术原理

　　塔式光热发电系统属于典型的太阳能高温利用方式，最高集热温度可达 1000℃以上。图 4-21 是塔式光热发电系统示意图，系统主要由定日镜阵列、接收塔、吸热器、储热器和涡轮发电机组等部分组成。与常规的火力发电系统相比，塔式光热发电系统的热量来自定日镜阵列、接收塔及吸热器，它们将太阳辐射能转换为热量，替代了火力发电系统中的燃煤锅炉。定日镜阵列主要用于跟踪、接收、反射太阳光至接收塔顶部的吸热器上，吸热器将太阳辐射能转换为热能，加热工质产生热蒸气，蒸气驱动涡轮机旋转做功，带动同轴发电机旋转

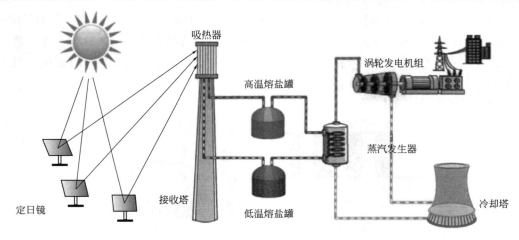

图 4-21　塔式光热发电系统示意图

发电，产生的电能可被直接利用，或者输入电网。发电系统的工作介质通常是水，储热材料通常采用熔融盐。因为太阳辐射具有间歇性、分散性，且易受昼夜、云雨、地理纬度的影响，故需通过储热系统在日照充足时储蓄足够的热量，供日照不足或没有时使用，以保证发电系统正常工作。

（2）塔式光热发电技术的发展前景

塔式光热发电方式具有聚光比高、工作温度高以及热传递路程短等优点，适合大规模并网发电。表 4-3 是我国已投入运行或即将投入运行的部分大型塔式光热发电项目。其中的北京首航节能敦煌 100MW 熔盐塔式光热发电示范项目是 2016 年国家能源局确定的第一批 20 个光热发电示范项目之一，项目于 2018 年 12 月正式并网发电，是目前全球最高的熔盐塔式光热项目，拥有目前全球最大的镜场。

**表 4-3　我国已投入运行或即将投入运行的部分大型塔式光热发电项目**

| 项目名称 | 技术路线 | 装机/MW | 储热时长/h | 投运时间/年 |
|---|---|---|---|---|
| 青海中控德令哈 10MW 示范光热项目 | 塔式熔盐 | 10 | 2 | 2016 |
| 首航节能敦煌 10MW 熔盐塔式光热发电项目 | 塔式熔盐 | 10 | 15 | 2016 |
| 首航节能敦煌 100MW 熔盐塔式光热发电项目 | 塔式熔盐 | 100 | 11 | 2018 |
| 青海中控太阳能德令哈 50MW 塔式熔盐储能光热项目 | 塔式熔盐 | 50 | 7 | 2018 |
| 中电建青海共和 50MW 塔式光热发电项目 | 塔式熔盐 | 50 | 6 | 2019 |
| 鲁能海西格尔木 50WM 塔式光热发电项目 | 塔式熔盐 | 50 | 12 | 2019 |
| 中电工程哈密 50MW 塔式光热发电项目 | 塔式熔盐 | 50 | 13 | 2019 |
| 达华尚义 50MW 塔式光热发电项目 | 塔式水工质 | 50 | 4 | 待建设 |
| 北京首航玉门 100WM 熔盐塔式光热发电项目 | 塔式熔盐 | 100 | 10 | 建设中 |

## 4.4.2　槽式光热发电

（1）槽式光热发电技术原理

图 4-22 为槽式光热发电技术的原理示意图。槽式光热发电是通过大面积槽式抛物面形太阳反射镜，将太阳辐射聚焦到位于焦线的集热管上，集热管内部的传热介质将加压后的水加热成水蒸气，水蒸气进入汽轮机内部做功，带动同轴发电机发电。

槽式光热发电系统主要由集热、储热和发电等部分组成，传热介质在不同系统之间进行热传递。储热系统的主要作用是调节负荷、降低设备容量和投资成本，提高太阳能利用率和设备利用率，提高槽式光热发电系统的可靠性和经济性。槽式聚光器的几何聚光比低，集热温度不是很高，使得槽式太阳能光热发电系统中热转功效率偏低，通常在 35％左右。

（2）槽式光热发电技术的发展前景

槽式光热发电技术的优点是将其他光热发电中的点聚焦改变为线聚焦，这种线聚焦方式能够跟随太阳的运动进行改变，大大提高系统的太阳能利用率。

表 4-4 是我国已投入运行或即将投入运行的部分大型槽式光热发电项目。

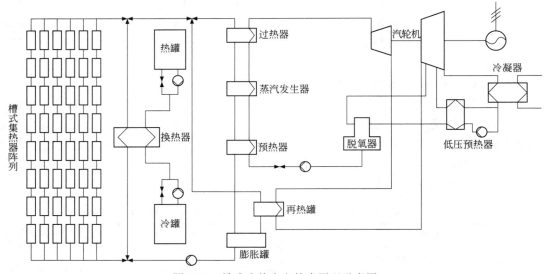

图 4-22    槽式光热发电技术原理示意图

**表 4-4    我国已投入运行或即将投入运行的大型槽式光热发电项目**

| 项目名称 | 技术路线 | 装机/MW | 储热时长/h | 投运时间/年 |
|---|---|---|---|---|
| 中广核太阳能德令哈槽式光热发电项目 | 槽式导热油 | 50 | 9 | 2018 |
| 中核龙腾乌拉特中旗 100MW 槽式光热发电项目 | 槽式导热油 | 100 | 10 | 2021 |
| 玉门龙腾 50MW 槽式光热发电项目 | 槽式导热油 | 50 | 10 | 建设中 |
| 金钒阿克塞 50MW 熔盐槽式光热发电项目 | 槽式熔盐 | 50 | 15 | 建设中 |
| 中海阳玉门东镇槽式光热发电项目 | 槽式导热油 | 50 | 7 | 建设中 |
| 中阳察北 64MW 槽式光热发电项目 | 槽式熔盐 | 64 | 16 | 建设中 |
| 中节能武威槽式光热发电项目 | 槽式熔盐 | 50 | 13 | 建设中 |

### 4.4.3    碟式光热发电

碟式光热发电系统由碟式反射镜、接收器和发电机组成。其发电原理是：利用碟式反射镜将太阳光聚焦到一个焦点，接收器放置在抛物面的焦点上，接收器内的传热工质被加热到750℃左右，驱动斯特林发动机发电，碟式光热发电系统实物图如图 4-23 所示。

碟式光热发电系统在印度安装较多，印度 58 个区域内安装的 5MW 的碟式光热发电系统年均发电量 7.25～12.68GW·h，平均发电成本约合 0.9 元/(kW·h)。

### 4.4.4    太阳能烟囱发电

太阳能烟囱发电系统由太阳能集热棚、位于中间的烟囱和涡轮发电机组成，顶棚距离地面有一定高度，烟囱底部装有一个或多个涡轮发电机，如图 4-24 所示。太阳光穿透透明集热棚并射向地面，被加热的地面加热附近的空气，从而由自然循环的空气流驱动位于烟囱底部的涡轮发电机。由于集热棚内空间很大，当集热棚内空气通过烟囱底部时，将形成强大的气流推动涡轮发电机产生电能。

图 4-23　碟式光热发电系统实物图

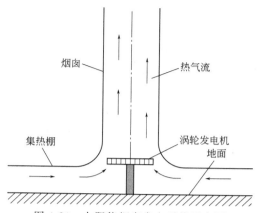

图 4-24　太阳能烟囱发电系统示意图

太阳能烟囱发电系统运行过程中清洁无污染；设备简单，易于维护，运行费用较低；且太阳能烟囱发电技术能够同时吸收太阳能的直射辐射和散射辐射，与仅能利用直射辐射能的太阳能塔式光热电站相比，能更有效地利用太阳能；地面的储热能力有助于夜间发电。但是太阳能烟囱发电系统也有明显的缺点，系统对集热棚透光材料要求高，既要保证透光性能，又要具有一定强度，尘土覆盖也会影响集热棚的透光能力；当烟囱较高时，防风防震问题也需要注意；太阳能烟囱发电技术太阳能利用效率很低，且发电量受一天内太阳光线强度和季节影响明显。

为了解决仅利用太阳能烟囱进行发电时太阳能利用效率低的问题，国内外研究人员尝试将太阳能烟囱技术与其他领域结合起来，如太阳能海水淡化、建筑室内通风、太阳能干燥和温室植物种植等。

# 4.5　太阳能海水淡化

目前，水资源匮乏正日益影响着全球经济的发展与生态环境的状况。海水淡化是最可持续的解决淡水资源匮乏的替代方案。太阳能是清洁的可再生能源，利用太阳能从海水或苦咸水中制取淡水，具有不消耗常规能源、无污染、安全，所得淡水纯度高，产水地点不受能源供给条件的限制，装置规模可根据需要灵活设计等优点，同时也是解决我国偏远农村、孤岛等地区淡水缺乏的重要途径。

太阳能海水淡化方法分为热法和膜法两类。热法是将太阳能转化成热量，使海水蒸馏或空气加湿除湿生产淡水；膜法是将太阳能通过光伏电池转化为电能，再用电能驱动反渗透装置或其他联合装置生产淡水。

## 4.5.1　海水的组成与性质

海水中溶解了各种盐分，从来源上看，海水中应该含有地球上的所有元素，但限于技术水平，目前仅仅测定了 80 多种。但是除了组成水的氢和氧以外，每千克海水中质量在 1mg 以上的元素只有 12 种，分别是氯、钠、镁、硫、钙、钾、溴、碳、锶、硼、硅以及氟，它们约占海水中全部元素质量的 99.9%，是海水中的大量元素。并且由于这些元素（硅除外）在海水中含量较大、各成分浓度间的比值近似恒定、生物活动对其浓度影响不大、在海水中性质比较稳定，又被称为保守元素。但硅的含量受生物活动影响较大，性质也不稳定，不属于保守元素。除了这 12 种大量元素之外的几十种元素，一般称为微量元素。

表 4-5 是盐度（S‰）为 35 时，海水中主要离子含量。盐度定义为：1kg 海水中溴、碘被氯置换，碳酸盐变为氧化物，有机物全部氧化后，其所含固体的总质量，单位为 g/kg，用符号 S‰表示。

表 4-5    海水中主要离子含量

| 离子 | 浓度/(g/kg) | 氯度比值 | 离子 | 浓度/(g/kg) | 氯度比值 |
|---|---|---|---|---|---|
| $Cl^-$ | 19.354 | 0.998900 | $Na^+$ | 10.770 | 0.55600 |
| $SO_4^{2-}$ | 2.7120 | 0.140000 | $Mg^{2+}$ | 1.2900 | 0.06650 |
| $Br^-$ | 0.0673 | 0.034700 | $Ca^{2+}$ | 0.4121 | 0.02127 |
| $F^-$ | 0.0013 | 0.000067 | $K^+$ | 0.3990 | 0.02060 |
| $HCO_3^-$ | 0.1420 | 0.007350 | $Sr^{2+}$ | 0.0079 | 0.00041 |
| B（总量） | 0.0045 | 0.000232 | — | — | — |

注：表中氯度比值为离子浓度与氯度的比值。

氯度和盐度是海水的重要指标，最早的氯度和盐度定义是 1899 年在瑞典斯德哥尔摩举行的第一次国际海洋会议决定的，以 Knudsen 教授为首的专门委员会在 1901 年将氯度定义为：1kg 海水中，将溴、碘以氯置换后其所含氯的总质量，单位为 g/kg，用符号 Cl‰表示。1938 年，Jacobsen 和 Knudsen 对海水氯度重新定义为：海水氯度（Cl‰）在数值上等于刚好沉淀 0.328g 海水水样所需的原子量银的质量。1979 年，国际海洋物理学协会（International Association for the Physical Sciences of the Ocean，IAPSO）所属的物理海洋学符号、单位及术语工作组建议将上述定义改写为：沉淀海水样品中含有的卤化物所需纯标准银（原子量银）的质量与海水质量之比值的 0.328 倍。该建议为国际海洋物理科学协会采纳。

海水中溶解有多种气体，其中二氧化碳、氮气和氧气含量较多。海水中溶解的气体如表 4-6 所示。

表 4-6    海水中溶解的气体

| 气体 | $CO_2$ | $N_2$ | $O_2$ | Ar |
|---|---|---|---|---|
| 含量/(mg/L) | 102.50 | 12.82 | 8.05 | 0.48 |

溶解在海水中的二氧化碳与其溶解在淡水中的情况不同。溶解在淡水中的二氧化碳主要以游离状态存在，可用煮沸或减压的方法驱除；溶解在海水中的二氧化碳，除少量为游离形式外，主要以碳酸根及碳酸氢根形式存在，需加入强酸方可逐出。

海水中的二氧化碳影响着海水的 pH 值，海水的 pH 值为 7.5～8.4，当海水中的二氧化碳与大气中的二氧化碳处于平衡状态时，海水的 pH 值一般为 8.1～8.3。

海水的物理、化学性质是海水淡化装置设计、计算和操作过程中必须考虑的参数，海水的化学、物理性质分别如表 4-7 和表 4-8 所示。

表 4-7  海水的化学性质

| pH 值 | 氯度/‰ | 平均盐度/‰ | 总盐量/‰ |
| --- | --- | --- | --- |
| 7.5~8.4 | 19.38 | 34.85 | 35.07 |

表 4-8  海水的物理性质（25℃，1 个大气压的标准海水）

| 密度/$(kg \cdot m^3)$ | 比热容/$[kJ/(kg \cdot ℃)]$ | 汽化潜热/$(kJ/kg)$ | 冰点/℃ | 蒸气压/Pa | 渗透压/Pa | 动力黏度/$(Pa \cdot s)$ |
| --- | --- | --- | --- | --- | --- | --- |
| 1023.4 | 3.90 | 2436.3 | -1.91 | $0.9812p_0$ | $-0.084T$ | $0.96 \times 10^{-3}$ |

注：表中 $p_0$ 为同温纯水的蒸气压（Pa）；$T$ 为海水的热力学温度。

## 4.5.2  太阳能海水淡化法分类

随着淡水资源的短缺以及传统化石能源的减少和成本的上升，并且传统化石能源的燃烧会带来温室气体和有害物质的排放问题，以可再生能源作为驱动力的海水淡化技术受到了越来越多的关注。此外，随着海水淡化产业在能源进口国家的需求量增加，在世界范围内可再生能源驱动海水淡化系统也存在着巨大的市场潜力。目前已有许多可再生能源与海水淡化技术相结合，如风能、地热能、海洋能、生物质能和太阳能等。在所有的可再生能源中，太阳能的应用最广，凡是人类生存的地方都会有太阳能存在。其他可再生能源受地域的影响比较大，只在某一特定地域存在，如地热能和潮汐能，风能存在地域也比较广，但与太阳能相比，风力大小及方向多变，不够稳定。到 2016 年，太阳能海水淡化就已经占领了海水淡化市场的四分之一，太阳能利用效率也从最初的不到 10% 发展到接近 50%，产水量也得到了大幅度提升。因此太阳能与海水淡化技术结合是可再生能源与海水淡化技术结合的主要发展方向之一。图 4-25 是太阳能海水淡化技术方法分类示意图。

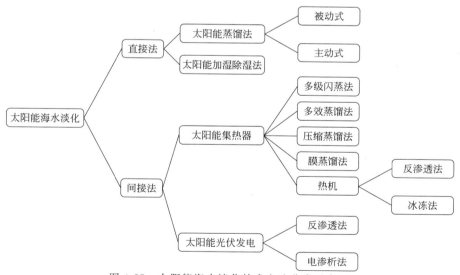

图 4-25  太阳能海水淡化技术方法分类示意图

## 4.5.3  太阳能蒸馏海水淡化法

人类早期利用太阳能进行海水淡化主要是采用太阳能蒸馏的方式，因此早期的太阳能海水淡化装置一般都称为太阳能蒸馏器。太阳能蒸馏海水淡化法可分为直接法和间接法。直接法是将集热和脱盐过程集于一体，应用太阳能集热器将太阳能转变为热能直接加热海水，蒸馏制得淡水，该系统没有电力驱动的设备例如风机、水泵等。该方法的缺点是占地面积大，工作温度低，产水量不高，不利于应用其他余热。间接法是将集热部分与脱盐部分分开，先使用集热器将光能变成热能，再利用这些热能制取淡水。用于太阳能海水淡化的集热器主要有：盐度梯度太阳池、平板集热器、真空管集热器和抛物槽集热器等。目前开发的太阳能海水淡化法主要以间接法为主。间接法以多效蒸馏法和多级闪蒸法为代表。

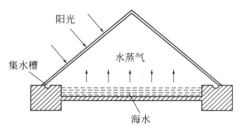

图 4-26　盆式太阳能
蒸馏器工作原理图

（1）盆式太阳能蒸馏海水淡化

直接法的典型装置是盆式太阳能蒸馏器，又称为温室型蒸馏器。人们对盆式太阳能蒸馏器的应用已有近 150 年的历史，由于它结构简单、取材方便，至今仍被广泛采用。世界上第一个大型太阳能海水淡化装置，于 1874 年在智利北部城市拉斯萨利纳斯建造，它由许多宽 1.14m、长 61m 的盆形蒸馏器组合而成，总面积 47000m²，晴天时，每天生产淡水 23m³，这个系统一直运行了近 40 年。图 4-26 是盆式太阳能蒸馏器，其工作原理是涂黑浅槽装有海水，并用透明玻璃作为顶层盖板密封，盖板也可用透明塑料制作。太阳光绝大部分透过透明的玻璃顶层，少部分被玻璃反射或吸收。进入装置的太阳辐射少部分被水面反射，大部分被涂黑浅槽内海水吸收从而使海水升温，部分水蒸发。水蒸气在盖板下表面凝结成小液滴，在重力作用下沿着有一定倾角的盖板流入集水槽中。其优点是运行费用最省，设备也很简单，运行时能耗很少。生产淡水成本主要取决于最初的设备投资，因此可以在保证一定生产淡水效率和装置寿命前提下尽可能采取便宜材料和简单结构来降低设备成本。目前较简单的装置，平均日产水量仅为 3～4kg/(m²·d)。

人们通过对盆式太阳能蒸馏器的不断改进，陆续研制出多级盆式、外凝结器式、多级新型盆式、聚光式、倾斜式和扩散式等型式的蒸馏器。目前研究主要集中于材料的选取，各种热性能的改善，以及与各类太阳能集热器的配合使用。图 4-27 是不同盆式太阳能蒸馏器的基本形式。

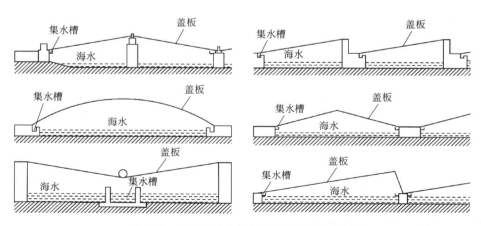

图 4-27　不同盆式太阳能蒸馏器的基本形式

直接法主要适用于小型产水系统，如淡水需求量小于 $200\mathrm{m}^3/\mathrm{d}$ 的地区。利用单效太阳能蒸馏法，蒸发 1kg 温度为 30℃ 的水大约需要 $2.4\times10^3\mathrm{kJ}$ 的能量。

（2）太阳能多效蒸馏海水淡化

多效蒸馏法又叫多效蒸发，是一个典型的化工单元操作。其历史可追溯到制糖业兴起时对糖液的浓缩，要比多级闪蒸法长得多，与多级闪蒸法相比，多效蒸馏法的优点如下所示。

① 多效蒸馏法只需供给较少热量，使最初部分海水发生相变后，即可反复利用相变潜热工作。

② 多效蒸馏法的传热过程是沸腾蒸发和冷凝换热，是双侧相变传热，因此传热系数很高。对于相同的温度范围，多效蒸馏法所用的传热面积要比多级闪蒸法少。

③ 多效蒸馏法的动力消耗少。

④ 多效蒸馏法的操作弹性很大，负荷范围从 110% 到 40%，皆可正常操作，而且不会使产水比下降。

多效蒸馏法可按不同的标准进行分类。按流程可分为顺流、逆流和平流、错流和混合流流程。顺流指料液和加热蒸汽均为按照第一效到第二效再到第三效次序进行，其优点是由于多效绝对压力依次降低，因此料液在各效间运行无须泵作用，依靠相邻两效间压差可自然流动到后续各效。逆流指料液流动方向和加热蒸汽方向相反，料液从压力较小的效往压力较大的效流动，此时需泵作用。逆流一般用于浓度较高且黏度大的料液，采取逆流可以维持较高的传热系数。平流指各效均单独平行加料，适用于易结晶的料液如制盐。在海水淡化过程中，目的是获取淡水，因此太阳能多效蒸馏海水淡化过程主要是采取顺流法。按多效蒸馏法的最高蒸发温度（top brine temperature，TBT），又可以分为低温多效蒸馏（TBT≤70℃）和高温多效蒸馏（TBT>90℃）。按设备的连接方式，可分为水平式多效蒸馏和塔式多效蒸馏。

多效蒸馏法（multi-effect desalination，MED）的原理是将一系列的蒸发器和冷凝器串联起来，供热环节向蒸发器供热从而产生最开始的热蒸汽。最初的热蒸汽首先进入第一效蒸发器，与海水进行热交换后，最初的热蒸汽冷凝成凝结水并且海水吸热产生第一效热蒸汽；在压力差和本身性质作用下，第一效海水蒸发产生的热蒸汽进入第二效蒸发器，并使几乎同量的海水以比第一效更低的温度蒸发产生第二效热蒸汽，并且第一效海水蒸发产生的蒸汽自身又被冷凝形成淡水。这样通过多次的蒸发和冷凝，可以连续产出淡水。其中每一个蒸发冷凝器单独地称为一效，一个蒸发冷凝器就是一效，两个即为两效，依次后推。实现多效蒸馏要求后一效的海水沸点比前一效二次蒸汽凝结温度低，否则没有传热温差，无法进行后续蒸发。因此要求后一效的蒸发室压力总是低于前一效。总之，多效蒸馏法是水相变时吸收或释放潜热并不断重复使用过程。太阳能多效蒸馏典型工艺流程图如图 4-28 所示。

根据热平衡关系，第一效蒸发器的热负荷 $q_e$ 可以表示为：

$$q_e = c_p m_1 \Delta t_1 + m_1 \gamma + c_p(m - m_1)\Delta t_1' \tag{4-13}$$

式中　$c_p$——水的定压比热容，kJ/(kg·K)；

　　$m$——装置入口处的海水质量流量，kg/h；

　　$m_1$——第一效产生的蒸汽产量，kg/h；

　　$\Delta t_1$——第一效的温降，K；

　　$\gamma$——水蒸发的潜热，kJ/kg；

　　$\Delta t_1'$——水蒸发后剩余海水被加热的温度变化量，K。

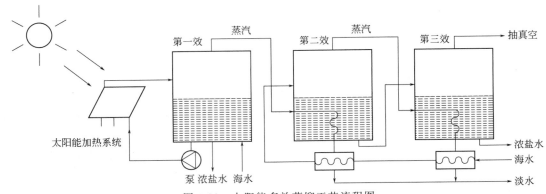

图 4-28　太阳能多效蒸馏工艺流程图

多效蒸馏法可以充分利用太阳能低温热能，使系统在更低温度下运行；同时可充分利用太阳能的电能和热能，与传统海水淡化技术匹配性能高。低温多效蒸馏法的开发使多效蒸馏法具有了诸多的优越性，其在利用低温余热的蒸汽后，制水成本有相当高的竞争力。未来太阳能低温多效蒸馏工艺研究的重点是新型廉价材料的应用、装置规模的扩大等技术，旨在进一步降低设备造价和运行成本。

（3）太阳能多级闪蒸海水淡化

多级闪蒸法（multi-stage flash，MSF）是多级闪急蒸馏法的简称。其工作原理为：将海水加热到一定温度后引入闪蒸室。控制闪蒸室压力低于热海水对应饱和蒸气压，因此海水进入闪蒸室即为过热水从而迅速部分汽化产生水蒸气，冷凝后即为所需淡水，且海水温度降低。将热海水逐次流经若干控制压力逐渐降低的闪蒸室，逐级蒸发降温，水蒸气冷凝产生淡水。多级闪蒸法以此原理，将热盐水依次流过若干压力逐次下降的闪蒸室，逐次蒸发并降温至温度接近环境海水温度。多级闪蒸法是一种在 20 世纪 50 年代发展起来的海水淡化法，它是针对多效蒸馏法结垢较严重的缺点而发展起来的，具有设备简单可靠、防垢性能好、易于大型化、操作弹性大以及可利用低位热能和废热等优点。多级闪蒸法是海水淡化工业中技术最成熟，运行安全性最高且操作弹性大的方法，适合于大型和超大型淡化装置。太阳能多级闪蒸海水淡化工艺流程图如图 4-29 所示。热海水依次进入压力逐渐下降的蒸发室内，逐级进行闪蒸和冷凝，每一级海水温度都会降低 1～2℃。为保证一定冷凝度，冷凝蒸汽与冷管中海水一般保持 4～6℃的传热温差。

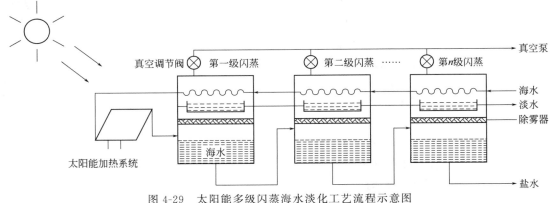

图 4-29　太阳能多级闪蒸海水淡化工艺流程示意图

与典型太阳能蒸馏器的产水率 [3～4L/(m² • d)] 相比, 太阳能多级闪蒸海水淡化装置的产水率可达 6～60L/(m² • d), 其中最常使用的集热器是盐度梯度太阳池, 如意大利的海水淡化工厂, 产水量为 50～60m³/d, 美国得克萨斯州的埃尔帕索工厂产水量是 19m³/d, 这两个工厂都使用这种太阳池。

由于标准多级闪蒸过程不易与热源结合, 为减少装置的操作费用, 亚特兰蒂斯公司开发了一种可由热源供热的多级自动闪蒸系统, 能与太阳池结合使用。虽然多级闪蒸法拥有诸多优点, 但由于其能耗较高, 在我国等新兴海水淡化市场的应用较少。随着全球海水淡化产业的兴起和新技术的开发应用, 多级闪蒸技术的未来市场份额预计会进一步缩减。

多级闪蒸海水淡化工艺相关设计如下。

① 进料率 $f$ 和浓缩因子 $CF_A$ 的设计。根据质量平衡

$$\dot{m}_z = \dot{m}_d + \dot{m}_a \tag{4-14}$$

式中　$\dot{m}_z$——进口海水质量流量, kg/s;

　　　$\dot{m}_d$——淡水质量流量, kg/s;

　　　$\dot{m}_a$——排放浓盐水质量流量, kg/s。

不考虑产品淡水中含盐量, 根据盐质量守恒有

$$S_z \dot{m}_z = S_a \dot{m}_a \tag{4-15}$$

式中　$S_z$——进口海水的盐度, g/kg;

　　　$S_a$——排放浓盐水的盐度, g/kg。

由式 (4-14) 和式 (4-15) 有

$$\frac{S_a}{S_z} = \frac{\dot{m}_z}{\dot{m}_a} = \frac{\dot{m}_z}{\dot{m}_z - \dot{m}_d} \tag{4-16}$$

定义 $CF_A = S_a/S_z$, $CF_A$ 为浓缩因子; $f = \dot{m}_z/\dot{m}_d$, $f$ 为进料率。

式 (4-16) 可变为

$$CF_A = \frac{1}{1 - \dfrac{1}{f}} = \frac{f}{f-1} \tag{4-17}$$

$$f = \frac{CF_A}{CF_A - 1} \tag{4-18}$$

根据给定淡水产品产量 $\dot{m}_d$ 和浓缩因子 $CF_A$, 可计算浓盐水质量流量 $\dot{m}_a$

$$\frac{\dot{m}_a}{\dot{m}_d} = \frac{1}{CF_A - 1} \tag{4-19}$$

式 (4-18) 和式 (4-19) 在多级闪蒸法的设计中具有重要作用。

② 淡水质量流量 $\dot{m}_d$ 的计算。多级闪蒸法所需的热量由剩余海水本身温度降低供给, 因此, 淡水产量 $\dot{m}_d$ 与进口海水质量流量 $\dot{m}_z$ 和闪蒸温度范围有关。海水放出热量计算公式如下

$$q = c_{p,z} \dot{m}_z (T_h - T_{b,N}) \tag{4-20}$$

式中　$c_{p,z}$——海水定压比热容, kJ/(kg • ℃);

　　　$T_h$——最高盐水温度, ℃;

　　　$T_{b,N}$——最低盐水温度, ℃。

则淡水质量流量 $\dot{m}_d$ 为

$$\dot{m}_{d} = \frac{q}{\overline{\gamma}_{fg}} = \frac{c_{p,z}}{\overline{\gamma}_{fg}} \dot{m}_{z} (T_{h} - T_{b,N}) \qquad (4-21)$$

式中  $\overline{\gamma}_{fg}$ ——水的平均汽化潜热，kJ/kg。

由式（4-21）可知，要提高淡水质量流量 $\dot{m}_{d}$，必须增大海水质量流量 $\dot{m}_{z}$ 和闪蒸温差 $(T_{h} - T_{b,N})$。因为 $T_{h}$ 和 $T_{b,N}$ 分别受防垢方法和冷却水温度限制，即闪蒸温差范围已定，故只能通过加大海水质量流量来提高淡水质量流量，此时水流失量大且需要处理的海水量较大，实际操作中通常采取循环式流程。

（4）太阳能蒸馏法海水淡化与相变蓄热技术的结合

太阳能蒸馏法海水淡化技术存在的主要问题是：装置热利用率低，特别是水蒸气的冷凝潜热未被充分利用；蒸发器、冷凝器中自然对流的换热模式限制了传热性能的提高；太阳能蒸馏器中待蒸发的海水热容量较大，限制了运行温度的提高，减弱了蒸发的驱动力。相变蓄热技术具有储热密度高、运行温度稳定等优点，是解决太阳能、工业余热等热能储存和利用的有效手段。在大多数太阳能海水淡化技术中，水蒸气在冷凝过程中释放的冷凝潜热没有做到有效回收利用，采用相变蓄热技术可以将这部分冷凝潜热吸收，在夜间重新释放回海水池中，延长装置工作时间，增加淡水产量。

目前，已有许多学者对利用相变蓄热技术回收水蒸气冷凝潜热进行研究。Zhang 等也同样利用相变蓄热材料吸收的热量来延长海水淡化装置的工作时间，他们研制的新型海水淡化装置的产水量可达 1.62kg/h。Gong 等给出了一种可实现太阳能光热转换和余热储存的新概念系统，在太阳光较弱时利用相变蓄热材料的储存热量进行产水，研究结果表明，即便在无太阳光的情况下，海水池的蒸发效率也可达 0.7kg/h，能量利用效率可达 46.5%。Al-harahsheh 等研究了相变材料和外部太阳能集热器对太阳能蒸馏器性能的影响，设计了三种方案并进行了对比。第一种方案只使用太阳能蒸馏器，第二种方案将太阳能蒸馏器连接外部太阳能集热器，第三种方案在太阳能蒸馏器中加入相变材料并连接外部集热器，相变材料包括五水硫代硫酸钠、三水醋酸钠和石蜡，试验装置如图 4-30 所示。试验结果表明，在第一种方案中添加外部太阳能集热器可将产水率提高约 340%；加入相变材料使第二种方案的生

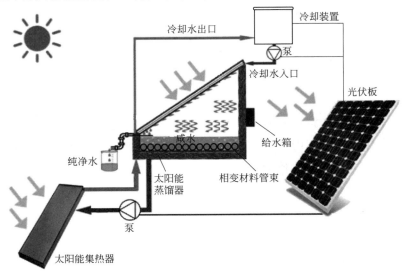

图 4-30  集太阳能集热器、相变材料、光伏板为一体的太阳能蒸馏器试验装置

产率提高了约 50%；使用的相变材料类型对单位生产率没有显著影响；与第一种方案相比，第三种方案的整体生产率提高了近 400%。

### 4.5.4　太阳能加湿除湿海水淡化法

太阳能加湿除湿（humidification-dehumidification，HD）海水淡化法是一种以太阳能为热源加热海水或空气，再利用热海水加湿空气使之接近饱和状态，最后通过冷却热湿空气来制取淡水的方法。一个太阳能加湿除湿海水淡化系统一般包括四个主要过程：①太阳能集热过程；②海水加热过程；③淡水析出过程；④空气循环过程。该四个过程的典型装置分别是太阳能集热器、加湿器、冷凝器和循环风机系统。该方法不仅以环保、可持续发展的太阳能为热源，而且是热效率最高的太阳能海水淡化方法之一，有工作温度低（一般为 70～90℃）、系统设备结构简单、易于拆装和维修、工作在常压下、电能消耗少等优点。太阳能加湿除湿海水淡化系统的淡水产量计算方法为

$$\dot{m}_d = G(W_{ia} - W_{oa}) \tag{4-22}$$

式中　$\dot{m}_d$——淡水质量流量，kg/s；

$G$——干空气质量流量，kg/s；

$W_{ia}$——冷凝器入口气流的绝对湿度，kg（水）/kg（干空气）；

$W_{oa}$——冷凝器出口气流的绝对湿度，kg（水）/kg（干空气）。

（1）太阳能加湿除湿海水淡化技术分类

太阳能加湿除湿海水淡化法适用于中、小型淡化装置，有多种工艺形式，按照外部热源利用方式的不同，可分为直接法、间接法、热耦合法以及温室法；按照加湿方法的不同，可分为喷淋加湿、蜂窝加湿、多孔填充剂加湿和鼓泡加湿法；按照加湿设备级数的不同，可分为单级加湿和多级加湿法。

直接法是直接利用太阳能作为热源加热海水并加湿空气，通过对湿空气冷却除湿来制取淡水的方法。间接法是目前太阳能加湿除湿海水淡化的主要方法，该方法首先间接利用太阳能加热空气及海水，并以显热的方式储存热能，然后利用显热使海水汽化并加湿空气。间接法系统的装置一般包括蒸发室、冷凝室、加热器、海水泵和风机等部分。典型的间接法太阳能加湿除湿海水淡化装置，如图 4-31 所示。该装置采用平板太阳能集热器来预热海水，通过将热海水喷淋在空气中的方法加湿空气。美国亚利桑那（Arizona）大学提出以太阳能或

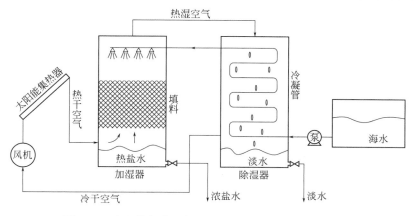

图 4-31　太阳能加热空气介质的加湿除湿法原理示意图

余热为热源，将蒸发器和冷凝器设置在不同空间，以湿空气增温加湿和冷却除湿（结露）过程构成的热力循环制备淡水的方法——一种露点蒸发淡化技术，如图 4-32 所示。

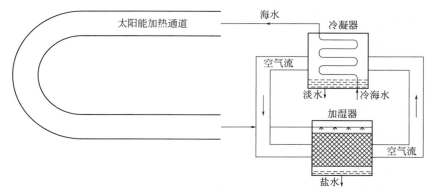

图 4-32　Arizona 大学海水淡化方案

（2）鼓泡加湿过程的能量平衡及性能指标

筛板鼓泡塔因具有结构简单、传递效率较高等优点，而被广泛应用于化工、空分等相关过程领域。筛板塔一般由多层塔板组成，塔板由筛孔板、溢流斗、无孔板组合而成。图 4-33 为单层筛板加湿器及筛板结构示意图，图 4-34 为筛板鼓泡加湿实验图。

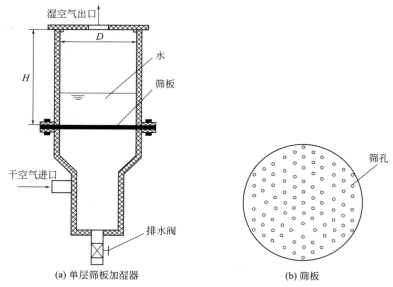

(a) 单层筛板加湿器　　　　　　　(b) 筛板

图 4-33　单层筛板加湿器及筛板结构示意图

在筛板鼓泡加湿过程中，水域中的水量将随加湿过程的进行而不断减少，水温也随水的不断吸热汽化而变化。分析加湿过程中水域温度及剩余水量随时间的变化规律，有利于加湿操作中产水量的预测和加湿器中水量的及时补充。图 4-35 是鼓泡加湿器水域能量平衡和质量平衡分析示意图。

空气进、出加湿器的状态分别用节点 3、4 表示，$M_s$ 为水域中水的质量，kg；$Q_s$ 为太阳能集热器单位时间供给水域的热量，kJ/s。

图 4-34　筛板鼓泡加湿实验图

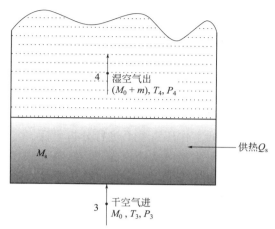

图 4-35　鼓泡加湿器水域能量平衡和质量平衡分析示意图

　　根据开口系统的能量平衡关系，假设：空气进、出加湿器的动能和位能的变化量忽略不计；加湿器水域内，动能、位能的变化量以及系统的散热量忽略不计；忽略水的定容比热容随温度的变化；太阳能集热器单位时间供给水域的热量 $Q_s$ 是一个定值。在上述假设的基础上，对第 $i$ 微元时间段 $\mathrm{d}\theta$ 内加湿器水域列能量平衡方程如下：

$$M_0 h_{3,a}\mathrm{d}\theta-(M_0+m_i)h_{4,i}^s\mathrm{d}\theta+Q_s\mathrm{d}\theta=\mathrm{d}(MU)_{s,i} \tag{4-23}$$

　　假设以温度为 0K 时的焓值为 0kJ 作为计算基准，则式（4-23）可表示为：

$$M_0 h_{3,a}\mathrm{d}\theta-(M_0+m_i)h_{4,i}^s\mathrm{d}\theta+Q_s\mathrm{d}\theta=M_{s,i}\mathrm{d}U_{s,i}+U_{s,i}\mathrm{d}M_{s,i} \tag{4-24}$$

式中　$M_0$——空气的质量流量，kg/s；

　　　$h_{3,a}$——进加湿器的空气比焓，kJ/kg；

　　　$m_i$——第 $i$ 微元段时间内的加湿量，kg；

　　　$h_{4,i}^s$——第 $i$ 微元时间段出加湿器的饱和湿空气比焓，kJ/kg；

　　　$Q_s$——水域的外加热量，kW；

　　　$M_{s,i}$——第 $i$ 微元时间段终了时水域中水的质量，kg；

　　　$U_{s,i}$——第 $i$ 微元时间段终了时加湿器内水的内能，kJ/kg；

　　　$\theta$——时间，s。

　　评价空气加湿程度常用的指标有相对湿度 $\varphi$ 和加湿效率 $\eta$，相对湿度的定义如下：

$$\varphi=\frac{p_w}{p_{w,s}} \tag{4-25}$$

式中 $p_w$——空气中水蒸气的实际分压力，Pa；

　　　$p_{w,s}$——空气中水蒸气的饱和分压力，Pa。

　　对于饱和湿空气，$\varphi=1$；对于不饱和湿空气，$0<\varphi<1$；对于干空气，$\varphi=0$。

　　加湿效率的定义如下：

$$\eta=\frac{d_2-d_1}{d_s-d_1} \tag{4-26}$$

式中　$d_1$——空气被加湿前的含湿量，g（水）/kg（干空气）；

　　　$d_2$——空气被加湿后的含湿量，g（水）/kg（干空气）；

$d_s$——饱和状态空气的含湿量，g（水）/kg（干空气）。

$\eta$ 表示空气加湿后接近饱和的程度，反映出加湿是否充分。加湿效率越高，表示加湿后的气体越接近饱和状态。

太阳能加湿除湿海水淡化技术研究的关键是设计出高效的除湿设备、开发出简单高效的加湿方法和高效的热能循环利用工艺方案。目前加湿除湿的新技术发展包括聚光直热式、水汽直接接触式蒸发冷凝、不溶性液体工质混合换热等等。未来进一步提高加湿除湿系统产水比，应重点从优化湿空气和海水间的能量转换方式、提高系统热回收能力以及改变加湿除湿循环中湿空气的工作压力着手进行分析研究。

太阳能加湿除湿海水淡化法与传统蒸馏法和膜法相比有以下优点：①装置设备规模可大可小，用户适应性较强；②操作压力为常压，操作温度低，容易通过太阳能集热器获得也可与其他低品位热能结合；③汽化在气-液界面进行而不是传热面，设备不易结垢，对海水的预处理要求低；④汽化过程不剧烈，不易产生气液夹带，生产的淡水品质高。

### 4.5.5　光伏发电-反渗透海水淡化法

20 世纪 80 年代初，以太阳能光伏发电为动力源的反渗透海水淡化装置（photovoltaic-reverse osmosis，PV-RO）开始在世界运行。此类装置由太阳能光伏发电系统和海水淡化系统联合组成。太阳能光伏电池为反渗透系统的高压水泵供电，两套系统基本独立工作。光伏发电系统由太阳能电池、蓄电池、控制器和逆变器组成；海水淡化系统则由海水预处理、反渗透和排水系统等组成。在埃及的边远地区，太阳能反渗透海水淡化装置应用较为广泛，但规模相对较小。目前，正在有计划地通过在反渗透装置上安装更多的太阳能电池板来提高淡水日产量。

（1）渗透和反渗透

能够让溶液中一种或几种组分通过而其他组分不能通过的选择性膜叫半透膜。当用半透膜隔开纯溶剂和溶液（或不同浓度的溶液）的时候，纯溶剂通过膜向溶液相（或从低浓度溶液向高浓度溶液）有一个自发的流动，这一现象叫做渗透。若在溶液一侧（或浓溶液一侧）加一外压力来阻碍溶剂流动，则渗透速度降低，当压力增加到使渗透完全停止，渗透的趋向被所加的压力平衡，这一平衡压力称为渗透压。渗透压是溶液的一个性质，与膜无关。若在溶液的一侧进一步增加压力，引起溶剂反向渗透流动，这一现象习惯上叫"反（逆）渗透"。渗透原理如图 4-36 所示。

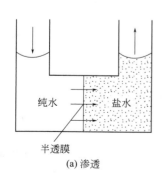 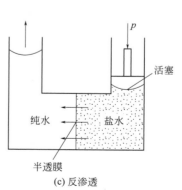

图 4-36　渗透和反渗透工作原理示意图

（2）太阳能光伏-反渗透海水淡化系统

利用太阳能光伏发电驱动反渗透系统进行海水淡化，被证实为能耗最少的海水淡化技术，大约为热力过程能耗的一半，光伏发电机无噪声、简单、无污染且不需维护。反渗透海水淡化技术的基本原理是利用半透膜将淡水与海水隔开，在海水侧施加一个大于渗透压的压力，使得海水侧的水分子逆向迁徙到淡水侧，由于膜的选择透过性，大分子和盐离子被截留在海水侧，实现海水淡化。其具有无相变变化、常温操作、占地面积小、能量消耗少和适用范围广等优点。反渗透技术海水淡化工艺流程图如图 4-37 所示。

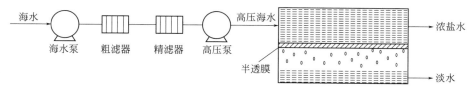

图 4-37　反渗透技术海水淡化工艺流程图

太阳能光伏驱动的反渗透海水淡化装置工作原理示意图如图 4-38 所示，由于反渗透系统可以调节，因此易与太阳能发电匹配。该系统利用涡轮回收盐水的压力能，提高了泵系统的能量利用率，加上直接驱动的发电系统效率高，且能调节功耗，达到与太阳辐照能变化相匹配的发电量。在实际的太阳能反渗透海水淡化系统中，施加的压力大小直接影响系统性能，因为压力与单位产水能耗和产水量相关。因此要合理选择运行压力，确保系统最高效率。

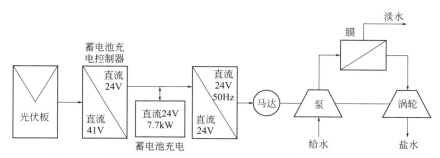

图 4-38　太阳能光伏驱动的反渗透海水淡化装置工作原理示意图

Abraham 等通过将一个 20 年生产寿命、日产水量 $50m^3$ 的工厂中以柴油机驱动和太阳能光伏驱动的反渗透技术进行海水淡化作比较，探讨了在具有高太阳能潜力和存在咸地下水的地区使用由太阳能光伏驱动的反渗透技术的优势。Karimi 等通过试验和软件建模研究的方法，比较了太阳能光伏频繁倒极电渗析（electrodialysis reversal，EDR）与太阳能光伏反渗透在不同海水盐浓度、温度下的海水淡化效果。结果表明，淡化低盐浓度海水时，光伏频繁倒极电渗析法的效率远远高于光伏反渗透法，若反渗透不与其他方法相结合，其成本要比频繁倒极电渗析法高出 48%～159%。而对于高盐浓度海水，光伏反渗透耗能更少，总成本比频繁倒极电渗析法降低了 14%～36%。

Abdelgaied 等对一个由光伏驱动的加湿除湿-反渗透混合系统进行了数值模拟，将加湿器的出口盐水送入反渗透装置。该系统由光伏电池板、真空管太阳能水集热器、太阳能空气集热器、加湿除湿海水淡化装置和反渗透海水淡化装置组成。集热器用于加热进入加湿除湿装置的海水和空气，而每个光伏板的背面都连接了一个冷海水经过的通道，用于冷却光伏板并对海水进行预热。该系统可以比单独的 RO 海水淡化系统更低的能耗率淡化海水。Kumar 等介绍了一种集成了有机朗肯循环、加湿除湿与反渗透的混合系统。Husseiny 等研究了一个反渗透和电渗析法相结合的海水淡化系统，反渗透系统所需的能量来自太阳能集热器和朗肯循环产生的电能，而电渗析所需的能量则来自光伏板产生的电能。

反渗透技术的发展主要依靠反渗透膜等关键设备的改进。目前膜元件仍在不断改进提高，如膜面积增加以多产水，增加膜叶数以减少产水流动阻力，膜密封改进以保证高脱盐，大型化和自动化使更高效可靠，提高耐压性使之更耐用，元件端封改进使之更可靠和简便，等。从而发展了海水淡化用的高压反渗透膜、中低压反渗透膜、超低压反渗透膜、极低压反渗透膜和抗污染反渗透膜等元件，用于各种不同的应用。除此之外，还有高压泵装置、能量回收装置等关键设备的改进研究。

### 4.5.6　其他太阳能海水淡化法

（1）太阳能烟囱与海水淡化综合系统

太阳能烟囱与海水淡化综合系统就是将太阳能烟囱发电技术与海水淡化技术相结合，该系统主要由集热棚、烟囱、涡轮发电机、高效换热装置和水轮机等组成，如图 4-39 所示。系统基本工作原理与太阳能烟囱发电系统类似，不同的是地面变成了海水储槽，自然循环的湿空气通过烟囱底部时，驱动涡轮发电机发电，上升的湿空气到达烟囱顶部时，在高效换热装置中与由于压力差从外部进来的冷空气进行换热冷凝出大量淡水，具有高位能的冷凝水通过水力涡轮机进行发电。此系统产水成本低，相比于传统太阳能烟囱发电系统，太阳能利用效率显著提高。

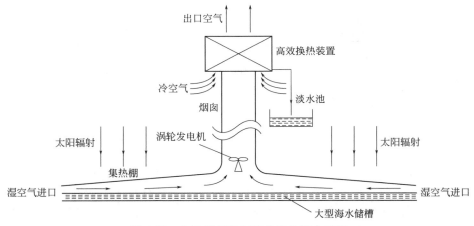

图 4-39　太阳能烟囱与海水淡化综合系统

（2）太阳能电渗析海水淡化法

电渗析（electrodialysis，ED）技术是膜分离技术的一种，它将离子交换膜交替相间排列于正、负电极之间，并用特制的隔板将其隔开，组成淡化和浓缩两个系统，在直流电场作用下，以电位差为动力，利用离子交换膜的选择透过性，把电解质从溶液中分离出来，从而实现溶液的浓缩、淡化、精制和提纯。电渗析海水淡化法要求离子交换膜具有优良的选择透过性、较好的电化学性能、足够的机械强度和稳定性。目前太阳能电渗析海水淡化法已经很少使用。

（3）太阳能热局域法海水淡化

传统的太阳能蒸馏器由于热损失大，其能源效率通常低于 50%。为了提高蒸发效率，提出了一种新的有效方法——热局域法。通过改变光热界面的位置可以大幅度影响太阳能蒸馏器的性能。

传统的小型光热蒸发系统通常采用体相加热的方式。所谓的体相加热就是通过光热转换获得的热量，平均分配给液池中的所有液体工质（bulk liquid），使液体工质的体相温度缓慢上升。该种方式主要有以下两个缺点：

① 标准太阳辐射强度（$1kW/m^2$）很难将液体加热到快速蒸发状态（快速蒸发状态即液体温度升高到饱和温度，会发生剧烈汽化的现象）获得较高的蒸发速率；

② 当液体工质的温度高于环境温度时，热量不可避免地以辐射、对流和传导的方式从液体工质向环境散失。

2013 年，美国莱斯大学 N. Halas 课题组发现，在液体工质中的纳米颗粒暴露在辐照下时，纳米颗粒的温度会快速上升至远高于周围液体工质的水平。纳米颗粒的加热蒸发循环从液体工质中部开始，纳米颗粒与周围的液体接触，形成固-液界面，在界面温差的作用下，热流从纳米颗粒向液体工质传输，液体开始汽化，并在纳米颗粒附近聚集，形成气泡。在浮力的作用下，纳米颗粒到达液体工质和空气的交界面并释放气泡里的蒸汽，随后，浮力减小，纳米颗粒重新下沉并进行下一个加热蒸发循环。

2014 年，上海交通大学邓涛课题组与美国麻省理工学院陈刚课题组几乎同时期，提出将光热材料集中到液体工质与空气交界面的方法，进一步加强了热局域法效果。邓涛课题组将一张负载有纳米颗粒的薄膜置于水与空气的交界面（即水体的上边界），解决了在分散颗粒体系中部分辐射无法直接照射到光热材料的问题，显著提高了对太阳辐射的吸收比率。而陈刚课题组不仅将光热材料（膨胀石墨）集中到水与空气的交界面，还在光热材料下方，加装了一层隔热材料（多孔碳泡沫），形成吸光-隔热双层结构（double-layer structure with absorber and insulator）。在没有隔热层的体系中，因为光热材料的温度高于其底部的液体（水）温度，部分热量以对流和辐射的形式从光热材料向液体体相扩散。

一般来说，热局域法的光热材料有等离子体金属、半导体、黑炭和聚合物材料等。对这些光热材料的基本要求包括自漂浮性、具有较高的太阳光吸收率、快速的毛细管输水能力以及低导热性，以限制其热损失。一些天然植物满足这些先决条件，并已被用作太阳能热局域法中的光热材料。Bian 等开发了用于太阳能海水淡化的碳化竹，碳化竹具有亲水性的输水微通道，并且热导率低，该材料的一大优点是可以自清洁。Sun 等开发了用于太阳能海水淡化的碳化玉米芯。使用这些材料，不仅提高了系统产水效率，而且具有经济和环境效益，具有较好的发展前景。

近年来，利用毛细现象驱动海水淡化的热局域法陆续被研究与提出。该方法是利用亲水毛细多孔介质的毛细力促进流体自动流向特定蒸发面，同时将热量集中于蒸发面实现局部的水分蒸发。这种方法能有效避免由于整体加热而产生的大量热损失，并且能缩短蒸发系统的响应时间，提高系统的蒸发效率。王秋实、郑宏飞等提出了微聚光直接蒸发海水实现淡化过程的方法，如图 4-40 所示，并在漂浮式透明膜板内的微结构中实施，即利用薄膜内部空腔，实现高效太阳能聚光，让太阳光直接加热并蒸发由毛细管送入腔内的海水，实现海水淡化过程。其最大优势就是将太阳能集热器与海水淡化器合二为一，漂浮于海面上，省却了土地成本，并可用非金属材料制造。

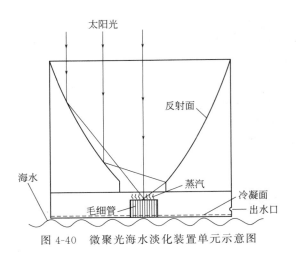

图 4-40　微聚光海水淡化装置单元示意图

### 4.5.7　太阳能海水淡化性能指标

（1）产水率及系统热效率

针对热法太阳能海水淡化技术，定义两个指标对系统性能进行评估，即产水率（$M_p$）和系统热效率。产水率定义为单位太阳能集热器面积、单位时间系统的产水量。热效率定义为用于获得淡水的有用能量与总的能量输入之比，也即获得一定量淡水所需最少能量与实际输入热量之比，如式（4-27）所示。

$$\eta = \frac{M_p \gamma_{fg}}{Q_T} \tag{4-27}$$

式中　$\gamma_{fg}$——水的汽化潜热，kJ/kg；

　　　$Q_T$——系统生产 $M_p$ 质量的淡水总的热量输入，kJ。

值得注意的是，传统的太阳能蒸馏装置定义产水率为单位时间、单位冷凝面积系统的淡水产量，与这里的概念有所不同。因为传统太阳能蒸馏装置直接接受太阳辐射的玻璃盖板起到了冷凝器的作用，而这里冷凝器为管翅式换热器。对具体装置而言比较关注的指标还有单位时间的海水产量。

（2）产水比及产水成本

在太阳能海水淡化系统中，常用来评价系统性能的指标有产水比 GOR、产水成本 WPC。在本文中用这两个参数来评价所提出的太阳能海水淡化工艺的具体性能，具体定义如下。

产水比 GOR 是评价海水淡化装置产水性能的常用指标，其定义是：淡水质量流量 $\dot{m}_d$（kg/s）与水的蒸发潜热 $\gamma$（kJ/kg）的乘积与生产过程消耗的各种能量的总和 $E$（kW）之比：

$$GOR = \frac{\dot{m}_d \gamma}{E} = \frac{\dot{m}_d \gamma}{(N+P)} \tag{4-28}$$

式中　$N$——泵功率消耗，kW；

　　　$P$——风机功率消耗，kW。

一般而言，产水所需的能量为风机与海水泵的电能消耗。

产水成本 WPC 定义为每吨产水量所消耗的电费（元/t），如果完全采用光伏发电供电，则 $WPC=0$；如采用电网供电，电价按照 0.5 元/（kW·h）计算，可表示为：

$$WPC = \frac{0.5(N+P)}{\dot{m}_d \times 3600} \times 1000 \tag{4-29}$$

### 4.5.8　太阳能海水淡化后处理

（1）淡化海水后处理

① 脱气处理。该过程主要是去除淡化后的海水中的 $CO_2$ 和 $O_2$ 等气体，因为氧气在中性或碱性条件下会引起管道和设备氧腐蚀；二氧化碳和 $Ca^{2+}$、$Mg^{2+}$ 会生成沉淀形成锅垢从而影响传热，降低热效率。通常采取酸化除气、加热脱气、真空式除气、除氧式脱氧气和膜法真空脱氧等方法进行脱气处理。

② pH 值调整。采用氢氧化钠中和淡化后的海水，保证其 pH 值为 6～8。

③ 消毒杀菌。通常对透过膜的产水采用加氯消毒、臭氧消毒和紫外线消毒。

（2）浓缩海水后处理

浓缩后的海水含盐量是正常海水的两倍，通常可以对海水淡化后的浓缩海水采取提钾、提溴和制盐处理，大幅度降低抽取海水动力消耗，提高提取率，做到综合利用浓缩海水。

# 4.6　太阳能干燥

干燥是利用热能使湿物料中的水分汽化，并将水汽扩散到空气中的热质传递过程。干燥是木材、纸张、谷物、茶叶、中药材及食品加工等行业中不可或缺的过程，干燥的质量直接影响产品的品质和成本。干燥是高能耗过程，我国工农业干燥过程的能耗占国民经济总能耗的 12%～15%，而造纸业的干燥能耗占企业总能耗的 35%，木材干燥能耗占木制品生产总能耗的 40%～70%。干燥过程是我国环境污染的重要来源之一，采用燃煤锅炉为干燥过程供热时，燃烧排放的大量烟尘、二氧化碳、二氧化硫和氧化氮等尾气，是造成温室效应、酸雨和臭氧层破坏的主要因素。

未来 40 年，在我国实现"碳达峰""碳中和"目标的过程中，解决干燥过程能耗高、污染大的根本办法是使用清洁、可再生能源，而利用太阳能进行干燥，正符合这一要求，因此太阳能干燥具有广阔的发展和应用前景。

### 4.6.1　太阳能干燥方法

（1）太阳能干燥原理

太阳能干燥就是利用太阳能为工农业产品的干燥过程提供能量。一般来讲，就是被干燥的湿物料在温室内直接吸收太阳能，太阳能转换为热能加热物料，使其中的水分汽化，实现干燥；或者先通过太阳能集热器加热空气，再用热空气加热湿物料，使物料中的水分逐步汽化，并扩散到空气中去，达到干燥的目的。

干燥过程实质上是一个传热、传质过程，它包括：

① 太阳能直接或间接加热物料表面，热量由物料表面传至其内部。

② 物料表面的水分先蒸发，蒸发的水分被流经物料表面的气流带走。此过程的速率主要取决于空气的温度、相对湿度、流速，以及物料与空气接触的表面积等外部条件，因此该

过程被称为外部条件控制过程。

③ 物料内部的水分获得足够的热量后，在含水率梯度或蒸气压力梯度的作用下，由物料内部迁移至表面。此过程的速率主要取决于物料性质、温度和含水率等内部条件，因此该过程被称为内部条件控制过程。

（2）干燥过程曲线

物料含水率随时间变化的曲线称为物料的干燥过程曲线。物料的干燥过程曲线通常包括预热、恒速干燥和降速干燥三个阶段，如图 4-41 所示。

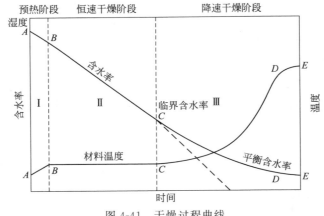

图 4-41　干燥过程曲线

① 预热阶段（A—B）。干燥过程从 A 点开始，热风将热量传递给物料表面，使表面温度上升，物料水分蒸发，蒸发速率随表面温度升高而增加。在热量传递与水分蒸发达到平衡时，物料表面温度基本保持恒定。预热处理对于一些难以干燥的厚物料十分重要，预热期间干燥室不向外排气，室内保持较高的相对湿度，让物料热透。

② 恒速干燥阶段（B—C）。干燥过程达到 B 点以后，水分由物料内部向表面扩散的速率与表面蒸发速率基本相同，传入物料的热量完全消耗于水分的蒸发上，物料表面温度基本保持不变。含水率随干燥时间增加而直线下降，干燥速率基本不变，即恒速干燥。而恒速干燥阶段的长短与物料性质、干燥条件和干燥方法等因素有关。

③ 降速干燥阶段（C—D—E）。干燥过程过 C 点以后，水分的内部扩散速率低于表面蒸发速率，物料表面的含水率比内部低。随着干燥时间的增加，物料温度增高，蒸发不仅在物料表面进行，而且还在内部进行，进入物料的热量同时消耗在水分蒸发及物料温度增加上，这一阶段是降速干燥的第一阶段（C—D）。干燥过程继续进行，物料内部水分以蒸汽形式扩散到表面，这时干燥速率最低，在达到与干燥条件平衡的含水率时，干燥过程即告结束。这一阶段称为降速干燥的第二阶段（D—E）。

恒速干燥与降速干燥阶段的分界点，称为临界含水率（C 点）。物料的临界含水率是干燥设备设计时极为重要的参数。

（3）干燥过程计算

① 物料含湿量的计算。物料含湿量（或含水率）有两种表示方法，即干基含湿量 $U$ 和湿基含湿量 $\omega$。

干基含湿量 $U$ 以绝干物料质量 $G_c$ 为基准，其表示为：

$$U=\frac{W}{G_e} \tag{4-30}$$

式中　$W$——湿物料中所含水分质量，kg；

　　　$G_e$——湿物料中绝干物料质量，kg。

湿基含湿量 $\omega$ 以湿物料质量（$G_e+W$）为基准，其表示为：

$$\omega=\frac{W}{G_e+W} \tag{4-31}$$

② 干燥过程排水量的计算。由物料平衡得：

$$G_e=m_1\frac{100-\omega_1}{100}=m_2\frac{100-\omega_2}{100} \tag{4-32}$$

式中　$m_1$，$m_2$——湿物料干燥前、后的质量，kg；

　　　$\omega_1$，$\omega_2$——湿物料干燥前、后的含湿量，%。

脱除的水分质量为物料干燥前后的质量差：

$$W_P=m_1-m_2 \tag{4-33}$$

联立式（4-32）和式（4-33）可以得到：

$$W_P=m_1\frac{\omega_1-\omega_2}{100-\omega_2}$$

或

$$W_P=m_2\frac{\omega_1-\omega_2}{100-\omega_1} \tag{4-34}$$

③ 干燥过程的热负荷。物料干燥过程的热负荷取决于物料干燥过程中所需消耗的热量，一般由以下几项组成。

a. 湿物料预热升温所需热量 $Q_1$

$$Q_1=m(c_{p1}+c_{p2}\omega_1)(t_2-t_1) \tag{4-35}$$

式中　$m$——每小时平均干燥的物料量，kg/h；

　$c_{p1}$、$c_{p2}$——物料和水的定压比热容，kJ/(kg·K)；

　$t_1$，$t_2$——物料干燥前、后的温度，K。

b. 物料中水分蒸发所需热量 $Q_2$

$$Q_2=m_s\gamma \tag{4-36}$$

式中　$m_s$——物料每小时蒸发的水分量，kg/h；

　　　$\gamma$——水的汽化潜热，kJ/kg。

c. 干燥装置的散热损失 $Q_3$。干燥装置的散热损失与装置的保温情况、装置与环境的温差等因素有关，一般干燥装置的散热损失按经验大约取（$Q_1+Q_2$）的 5%，即：

$$Q_3=5\%\times(Q_1+Q_2) \tag{4-37}$$

则物料干燥所需的总热量 $Q$ 为：

$$Q=Q_1+Q_2+Q_3 \tag{4-38}$$

[例 4-1] 已知某太阳能干燥装置每天连续工作可干燥湿污泥 4t，污泥的湿基初含湿量为 80%，终含湿量为 20%。污泥的定压比热容为 1.2kJ/(kg·K)，水的定压比热容为 4.186kJ/(kg·K)，污泥干燥前后的温度分别为 293K 和 343K，水在 343K 下的汽化潜热为 2333.8kJ/kg，求污泥干燥过程每小时的排水量及所需的供热量。

解：由题可知，$m_1=4$t，$\omega_1=80\%$，$\omega_2=20\%$，$t_1=293$K，$t_2=343$K，$\gamma=2333.8$kJ/kg，

$c_{p2}=4.19\text{kJ/(kg·K)}$。

计算干燥过程中每小时的排水量

$$W_{\mathrm{P}}=4\times1000\times\frac{80-20}{100-20}\div24=125\,(\text{kg/h})$$

每小时湿物料预热升温所需热量

$$Q_1=\frac{4000}{24}\times(1.2+4.19\times0.8)\times(343-293)\approx37.93\,(\text{MJ/h})$$

每小时物料中水分蒸发所需热量

$$Q_2=125\times2333.8\approx291.73\,(\text{MJ/h})$$

每小时干燥装置的散热损失

$$Q_3=(37.93+291.73)\times0.05=16.48\,(\text{MJ/h})$$

则每小时物料干燥所需的总热量

$$Q=Q_1+Q_2+Q_3=37.93+291.73+16.48=346.14\,(\text{MJ/h})$$

（4）太阳能干燥方法分类

太阳能干燥器的类型及其分类方法很多，可以简单地将太阳能干燥器分为温室型和集热器型，在实际应用中也可将上述两种干燥器结合使用，以充分发挥两者的优势。太阳能干燥器的设计和运行原则上要求保证干燥过程均匀、有效地进行，最终将产品含水量降低到满足安全储存的水平。

本节主要介绍几种典型的太阳能干燥器。

① 温室型太阳能干燥器。生活中我们见到过被玻璃或透明塑料薄膜封闭起来的空间，例如小轿车和蔬菜大棚等，当有太阳照射时，其内的温度比外界高，这是因为玻璃或塑料薄膜对于波长小于 $3\mu m$ 的太阳辐射具有很高的透射率，而对波长大于 $3\mu m$ 的热辐射的透射率很小，因此大部分太阳辐射能穿过玻璃进入有吸热面的室内，而吸热面发出的常温下的长波辐射却被阻隔在室内，从而导致室内温度显著升高，这就是所谓的温室效应。温室型太阳能干燥器示意图如图 4-42 所示。新风被送入干燥器内，在温室效应的作用下，室内物料和空气温度升高。空气温度升高，其饱和含湿量随之增加，而相对湿度随之降低，空气处于不饱和含湿状态，其与被干燥物料的含湿量之间存在不平衡，导致在物料被加热干燥的过程中，有表层及内部的水分不断蒸发。室内空气最终携带着物料蒸发出的水分从排气阀排出室外。

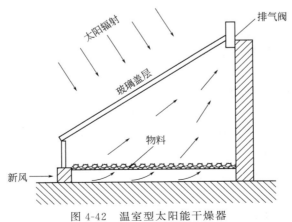

图 4-42　温室型太阳能干燥器

温室型太阳能干燥室的墙体及屋顶均采用玻璃或塑料薄膜等透光材料，借助它们的选择性吸收特性产生温室效应。可在墙体内表面涂上黑色涂料，采用强制通风等手段来适当加快空气循环，提高太阳能的利用率。

温室型太阳能干燥器结构简单，建造容易，造价低廉，易于使用。但是它也有明显的缺点，如干燥室温升小、干燥效率低、易受天气情况影响、干燥室容积小、占地面积较大等。因此，温室型太阳能干燥器一般用于对干燥效率和物料最终含水率要求不高以及允许接收阳光直射的物料进行干燥。

② 集热器型太阳能干燥器。集热器型太阳能干燥器如图 4-43 所示，就是将集热器与干燥室结合，通过集热器接收太阳辐射，加热空气，再将热空气通入干燥室进行干燥。

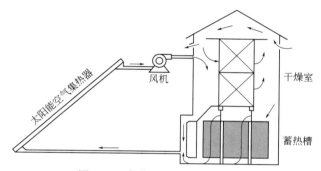

图 4-43　集热器型太阳能干燥器

利用太阳能集热器加热空气，一般有空气型集热器和热水型集热器两种。空气型集热器是利用太阳辐射直接加热空气，热效率较高，但是易受天气情况影响，工作温度不稳定；热水型集热器是使用太阳能集热器加热水后，再通过换热器加热空气，虽然经过热转换，效率降低，但是利用了储热水箱储存热量，工作温度相对比较稳定。

集热器型太阳能干燥器的集热器布置灵活，易于与常规能源干燥装置和储热装置相结合，优势互补，从而降低能耗，提高干燥效率和质量。同时，干燥室内温升比温室型高，干燥室容积较大，但是集热器型比温室型的系统构成复杂，建造成本高。

③ 集热器-温室型太阳能干燥器。温室型太阳能干燥器虽然结构简单、造价低，但是存在干燥室温升小、干燥速率慢的缺点，而集热器型太阳能干燥器干燥室温升较大，干燥速率快。将空气集热器和温室型太阳能干燥器结合起来，充分发挥两者的优势，就组合成了集热器-温室型太阳能干燥器。

实际应用中，有两种组合方式，一种是在温室外增加一部分空气集热器，空气先经太阳能空气集热器预热，然后再进入干燥室，如图 4-44 所示；另一种是将空气集热器和干燥室合并在一起，构成整体式太阳能干燥器，而干燥室本身就是空气集热器，如图 4-45 所示。

集热器-温室型太阳能干燥器由于干燥室温度较高，因此具有干燥速率快、物料干燥质量高的优点。整体式太阳能干燥器的特点是结构紧凑、干燥室高度低、空气容积小，每单位空气容积所占的采光面积一般是温室型干燥器的 3～5 倍，所以空气升温迅速，热效率较高。

④ 连续干燥作业的太阳能干燥器。前文所述的太阳能干燥器都只能在白天工作，为了让太阳能干燥器能够不受太阳能间断性影响进行连续干燥作业，一般采用太阳能与常规能源及储热装置结合的方式，系统结构如图 4-46 所示。实际应用中一般采用太阳能干燥器与燃煤锅炉相结合，晴天利用太阳能干燥，夜间通过锅炉产生的蒸汽或烟气来进行干燥。在一些

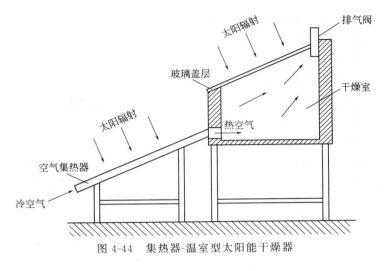

图 4-44　集热器-温室型太阳能干燥器

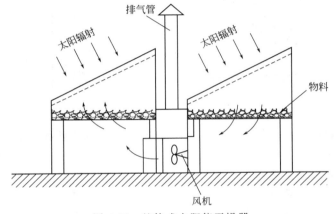

图 4-45　整体式太阳能干燥器

电价便宜的地区也可以直接利用电能供热。还可以采用各种不同的储热措施，来减少干燥室供热波动性的问题，详见第 7 章。

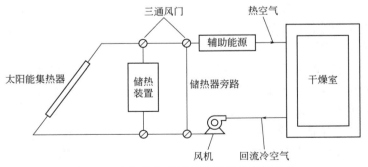

图 4-46　太阳能与常规能源及储热装置结合

## 4.6.2　太阳能热泵联合干燥法

　　太阳能具有低密度、间歇性和不稳定性等缺点，所以太阳能干燥存在供热不连续的问题，当晚上、阴雨天或者太阳能辐照度较低时，不能进行干燥。为解决以上问题，实际应用中一般采用太阳能与其他供热方式结合，其中太阳能热泵联合干燥装置的干燥性能相对较高。

太阳能热泵联合系统分为直膨式太阳能热泵和非直膨式太阳能热泵；常使用的一般是非直膨式太阳能热泵，此类太阳能热泵的集热器与热泵蒸发器是两个分开的换热器，包括串联式、并联式和双热源式。图 4-47 是并联式太阳能热泵联合干燥的原理图。干燥过程包括热泵中以制冷剂为工质的循环和太阳能干燥器中以空气为工质的循环。天气晴朗、气温高时，使用太阳能干燥系统；阴雨天或者晚上时，使用热泵干燥系统。

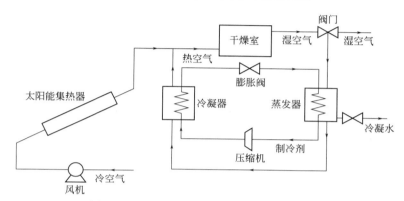

图 4-47　并联式太阳能热泵联合干燥原理图

在太阳能干燥系统中，冷空气经太阳能集热器加热后，进入干燥室；完成干燥后的湿空气直接排到环境中。在该系统中，空气最终被排入环境中，属于开式循环。

热泵是把处于低温热源的热量输送至高温热源的设备，其主要部件包括压缩机、蒸发器、膨胀阀和冷凝器。在热泵干燥系统中，制冷剂在管程中循环，空气在壳程中循环。蒸发器内部的制冷剂在低温环境下吸热蒸发成气体，经过压缩机后在处于高温环境下的冷凝器放热，通入干燥室的空气被冷凝器放出的热量加热，提高干燥效率。膨胀阀的作用是将冷却液由高压降至低压，以便制冷剂能重新进入蒸发器内吸热并开始下一循环。

从干燥室排出的湿空气不直接排出，而是进入蒸发器将湿空气中的水分冷凝后降低湿度。在热泵干燥中，系统不需要吸收外界的空气，空气在干燥室与热泵之间为闭式循环，基本上不排气，并且热泵性能系数（COP）高达 3～7，比直接电加热更加节能，因此可节省大量能耗。

基于太阳能热泵系统的工作原理，太阳能热泵联合干燥具有以下优点。

① 节能减排。空气在干燥室与除湿器之间为闭式循环，可节省大量能耗。

② 干燥温度低。空气通过蒸发器吸收热量去湿，因此可实行低温干燥（温度小于 50℃），低温干燥对许多湿物料尤其是食品等生物制品是非常重要的。

③ 干燥可控。干燥过程不受外界影响，可以自主调节温度和湿度，使干燥过程可控化。

④ 干燥质量高。干燥时间比自然通风减少一半以上，腐败率由原来 20%～30% 减小到 5% 左右。

但与前文中的一般干燥器相比，太阳能热泵联合干燥造价较高，维修保养技术性强。所以在实际应用中，需要根据需求选取干燥装置。

# 4.7  太阳灶

太阳灶就是把低密度、分散的太阳辐射能聚集起来用于炊事作业的一种高温装置。

世界上第一个太阳灶设计者是法国的穆肖，1860 年他奉拿破仑三世之命，研究用抛物面镜反射太阳能集中到悬挂的锅上，供驻在非洲的法军使用。1878 年，阿塔姆斯又做了许多研究和改进，此后印度便有 10 家工厂生产太阳灶。1889 年，全世界就有了许多太阳灶的专利，有了各种各样的太阳灶。

太阳灶在广大农村，特别是在燃料缺乏地区，具有很大的实用价值。目前世界上太阳灶的应用相当广泛，技术也比较成熟，使用太阳灶不仅可以节约煤炭、电力、天然气等能源，而且对环境没有污染。在发展中国家，太阳灶受到了广大用户的好评，并得到了较好的推广和应用。

太阳灶每年实际使用时间为 400～600h，每台太阳灶每年可以节省秸秆 500～800kg，经济和生态效益十分显著，对于解决农村能源紧张局面和保护生态环境起到了一定的作用。

太阳灶的型式很多，主要可以分为箱式太阳灶、聚光式太阳灶和其他太阳灶。

## 4.7.1  箱式太阳灶

箱式太阳灶的工作原理与平板集热器类似，是根据黑体吸收太阳辐射能的原理制造的。这种太阳灶由箱体、透明箱盖、饭盒支架和活动支撑等部分组成，如图 4-48 所示。

它的主要结构是一个箱体，箱内表面喷涂对太阳辐射吸收率较高的黑色涂层。箱盖采用两层玻璃制成，让太阳辐射尽可能多地进入箱内，并尽量减少向箱外环境的辐射和对流散热。箱体四周及底部覆盖保温隔热层。饭盒支架可以用铁丝等金属丝弯制而成，安装在箱内预装好的挂条上，支架上托饭盒。整个箱体缝隙用橡胶或密封胶堵严，防止透气和灰尘进入。箱底有活动支架，用以调整箱体角度，使箱面始终、尽量与太阳光垂直。

使用时，将箱盖和太阳光垂直放置，先进行预热。一般夏季的预热时间是 0.5h，冬季是 1h。当箱内温度上升至 100℃以上，就可放入食物进行蒸煮。使用时要注意对箱体角度进行调整。不再使用时，最好把箱子抬回室内，打开箱盖，降低箱内温度。要防止空箱在阳光下长时间暴晒。

箱式太阳灶使用方便，在太阳光垂直照射下，箱内温度一般能达到 140℃左右，可以用来蒸、煮食物或者医疗器具，此外还可以当作烘干装置使用。

为了提高箱式太阳灶的温度，人们又在箱体四周加装四块反射镜，并调节反射镜倾角，将太阳光反射进箱内，箱内温度可达 200℃以上。

箱式太阳灶结构简单、成本低廉、使用方便，但聚光度低，功率有限，箱内温度不高，蒸煮食物时间较长，因此推广应用量不大，目前大量使用的是聚光式太阳灶。

## 4.7.2  聚光式太阳灶

聚光式太阳灶是利用旋转抛物面的聚光特性，汇聚太阳直射辐射能进行加热的设备，如图 4-49 所示。旋转抛物面灶面，大大提高了太阳灶的聚光度和功率，锅底可达 500℃左右的高温，大大缩短了煮、炒等炊事作业时间。聚光式太阳灶根据聚光方式的不同，分为旋转抛物面太阳灶、球面太阳灶、抛物柱面太阳灶、圆锥面太阳灶和菲涅耳聚光太阳灶等。从聚光式太阳灶的灶型分，又可以分为正轴太阳灶、偏轴太阳灶。由于旋转抛物面的聚光特性较强，因此聚光式太阳灶的镜面设计，大都采用旋转抛物面的聚光原理。

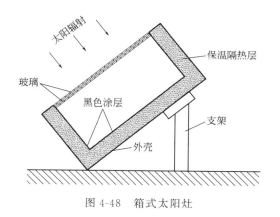

图 4-48　箱式太阳灶

图 4-49　聚光式太阳灶

太阳灶在使用前以及使用过程中，需要注意调整灶面，确保反射光团始终落在锅底正中位置。由于光斑能量很高，光斑处温度可达 $400\sim1000℃$，调整时注意不要使光斑落到人体或其他物体上，以免伤害到人或造成其他物品损坏，甚至引起火灾事故。

太阳灶停止使用时，应将灶面背向阳光以延长反光材料的使用寿命，同时用深色外罩罩起来，保护太阳灶不被环境侵蚀。

旋转抛物面太阳灶虽然温度高，炊事作业速度快，可以炒菜，但是当太阳灶的口径太大时，会造成炊事作业不便。同时，在使用旋转抛物面太阳灶时，由于锅具必须始终保持水平，因此，当太阳高度较低时，焦面与锅底形成的交角较大，一部分光线会射到锅具侧面或逃逸出锅具，从而使热效率大大降低。旋转抛物面太阳灶在夏季中午使用效果较好，在其他季节及早晚使用时，效率不高。并且它的制作工艺困难，体型大，不便于携带和放置。偏轴抛物面太阳灶可以比较好地解决上述问题。

偏轴抛物面太阳灶的抛物面顶点不在抛物面的截光面的几何中心，而是偏向一侧或偏到灶面边缘线外，这种设计称为偏抛物面设计。这样设计可以保证在太阳高度角使用范围内灶面的反射光全部汇聚到锅底，同时，偏轴太阳灶的锅架靠近灶面的操作端，方便使用。

## 4.7.3　热管式太阳灶

热管式太阳灶就是将箱式太阳灶的箱体和热管式真空管结合起来所制成的太阳灶，如图 4-50 所示。可以将真空集热管看作灶面，将集热端插入绝热箱内进行散热和储热，热量储存在绝热箱内。使用太阳灶时，将物料放入绝热箱内就可以直接利用。

## 4.7.4　旋转抛物面聚光原理

平面内到一个定点 $F$ 和一条定直线 $L$ 距离相等的动点 $M$ 的轨迹叫做抛物线，其中定点 $F$ 叫抛物线的焦点，直线 $L$ 叫抛物线的准线，如图 4-51 所示。

设焦距 $f=|OF|=|OQ|$，根据抛物线的定义，可推导出抛物线的标准方程：

$$x^2=4fz \tag{4-39}$$

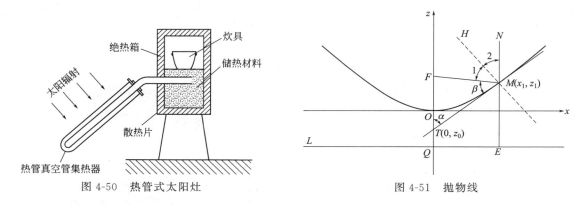

图 4-50　热管式太阳灶　　　　　　图 4-51　抛物线

下面证明抛物线的聚光特性，如图 4-51 所示，在抛物线上随机取一点 $M(x_1, z_1)$，太阳光线 $N$ 沿与 $z$ 轴平行方向射到 $M$ 点，过 $M$ 点作切线 $MT$，连接 $MF$，只要证明 $\angle 1 = \angle 2$，即入射角等于反射角，就可以证明 $MF$ 为反射光线，又因 $M$ 是随机选取的，所以射到抛物线上任何一点的反射光线都会汇聚于 $F$ 点，从而证得抛物线的聚光特性。

$MT$ 的斜率 $k = \dfrac{\mathrm{d}z}{\mathrm{d}x} = \dfrac{x}{2f}$

则 $\dfrac{z_1 - z_0}{x_1} = \dfrac{x_1}{2f}$

代入式（4-39）后整理得 $z_0 = -z_1$

从而 $|MF| = |ME| = f + z_1$；$|TF| = f - z_0$

故 $|MF| = |TF|$

这样 $\triangle MTF$ 为等腰三角形，从而 $\angle\alpha = \angle\beta$，于是 $\angle 1 = \angle 2$

由上述证明可知，入射光线应满足两个条件：

① 入射光线必须是平行光线；

② 入射光线的方向应与主轴平行。

# 4.8　太阳能温室

太阳能温室的建造原理是温室效应。所谓温室效应是指太阳短波辐射透过大气射入地面，在地面上转变为热，放出长波辐射，被大气中的温室气体吸收，从而使大气的散热量减少、温度升高的效应。大气中起温室作用的气体称为温室气体，主要有二氧化碳、甲烷、臭氧、一氧化二氮、氟利昂及水蒸气等。大气中温室气体浓度越高，温室效应越显著。如果没有大气温室效应，地表平均温度会下降到 $-23$℃，而实际地表平均温度为 15℃。

在农业生产中，建造塑料大棚或玻璃房，利用太阳能温室效应提高室内温度，促进动植物生长，具有重要作用。据统计，2019 年，我国温室大棚面积为 189.7 万公顷，2020 年为 187.3 万公顷。2019 年，在所有温室大棚中，塑料大棚面积占总面积的 65.4%，日光温室占 30.4%，连栋温室占 3.2%，其他类型为 1.0%。

## 4.8.1　太阳能温室的分类

太阳能温室的分类方式有多种。按照温室结构不同，可分为：塑料大棚、日光温室、单栋温室（单坡屋面温室和双坡屋面温室）和连栋温室等；按照太阳能温室屋顶形状分类，则可分为：单坡屋面、双坡屋面和圆拱形温室等；按照温室的覆盖材料分类，可分为：塑料薄膜温室、玻璃温室、硬质塑料［如聚碳酸酯（PC）板］温室等；根据太阳能温室用途分类，可分为：种植温室、养殖温室、实验温室、观光温室、庭院温室及餐饮温室等；根据太阳能温室建造材料分类，可分为：竹木结构温室、钢结构温室和铝材钢管结构温室等；根据太阳能温室形状及尺寸分类，可分为：中小拱棚和大型棚等。根据太阳能与温室结合方式，可分为：被动式太阳能温室和主动式太阳能温室。目前还有新型结合光伏板的太阳能温室，能够同时满足发电和种植生产。

　　本节主要介绍塑料大棚、日光温室、主动式太阳能温室以及光伏板太阳能温室。

### 4.8.2　塑料大棚

　　塑料大棚是指以塑料薄膜作为透光覆盖材料的太阳能温室，其结构一般包括骨架、棚膜和门窗，跨度为 4.0～12.0m；温室柱底到温室屋架与柱轴线交点之间的檐高为 1.0～1.8m；温室内地坪标高到温室屋架最高点之间的脊高为 2.4～3.5m；长度几十米到 100m 以上；拱架间距为 0.5～1.0m；纵向使用拉杆/管连接固定成整体。塑料大棚可用卷膜器进行卷膜通风、保温幕保温、遮阳网遮阳和降温。镀锌钢管装配式塑料大棚，组装方便、容易拆卸，可节省钢材，耗钢量一般在 4.00kg/m² 左右，棚内空间大且无支柱，通风透光性能好、机械作业方便；镀锌构件抗腐蚀、整体强度高、承受风雪能力强，使用寿命可达 10～15 年。图 4-52（a）和（b）分别为装配式镀锌薄壁钢管大棚示意图和现场效果图。

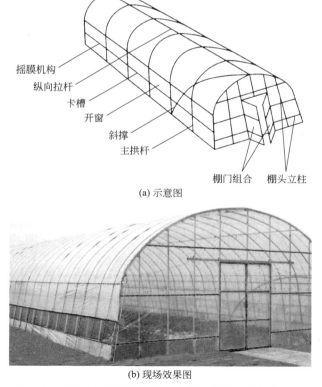

(a) 示意图

(b) 现场效果图

图 4-52　装配式镀锌薄壁钢管大棚示意图和现场效果图

　　塑料大棚属于传统的太阳能温室，主要用于早春提前或秋季延后果蔬类栽培和育苗。塑料大棚通常不设置加温和保温设备，育苗时，可在棚内设置遮阳网、保温幕、小拱棚、地膜等覆盖物或在苗床上安装电热线进行加温。塑料大棚内的光照强度与薄膜透光率、太阳高度角、气象条件、大棚方位和结构等有关。利用塑料大棚进行春秋生产可使果蔬春季提早上市 30～40d，秋季延后上市 20～25d。夏季又能够避免阳光直射，起到降温和防止暴雨冲击的作用。冬季可种植一些对温度要求不高的蔬菜，如蒜苗等。

### 4.8.3　日光温室

　　日光温室属于我国特有的太阳能温室类型。日光温室南面为采光屋面，东、西、北三面为保温围护墙，并有保温后屋面的单坡面型塑料薄膜温室，正常光照情况下，北方日光温室不需人工加温也可保持室内外温差达 15～25℃，目前此类日光温室已推广到北纬 30°～45° 地区。

　　图 4-53 为日光温室的结构图，日光温室结构及主要设计参数详细说明如下。

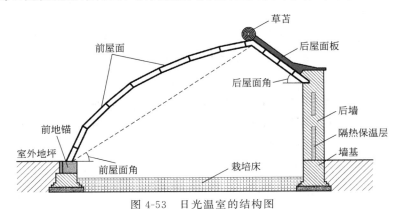

图 4-53　日光温室的结构图

　　（1）温室跨度

　　跨度是指日光温室后墙内侧至采光面底脚间的距离，日光温室跨度一般为 6.0～12.0m。跨度大小与温室屋面角和高度有关，跨度的大小对温室采光、保温、作物生长和室内作业都有很大的影响。一般情况下日光温室的跨度以 6.0～8.0m 为宜，若生产喜温的园艺作物，北纬 40°以北地区温室跨度选择 7.0～8.0m，北纬 40°以南地区温室跨度选择 8.0m 为宜。

　　（2）温室高度和间距

　　日光温室高度是从温室屋脊到地面的距离。例如，6.0m 跨度的日光温室高度以 2.8～3.0m 为宜。日光温室前后间距的确定主要以考虑不影响后栋温室采光为原则。山地丘陵宜采用阶梯式布置以缩小温室间距，前栋温室屋脊至后栋温室前沿之间的水平距离计算公式如下。

$$L = H / \tan\alpha_s \tag{4-40}$$

式中　$H$——日光温室屋脊保温帘被顶端至室外地面的距离，其值为温室高度和保温帘被的厚度之和，m；

　　　　$L$——前栋日光温室屋脊至后栋日光温室前屋面底脚之间的水平距离，m；

　　　　$\alpha_s$——冬至日正午太阳高度角，(°)。

（3）温室长度

温室长度指温室两端侧墙内表面间的距离。在设计温室长度时要考虑栽培面积、栽培效果和保温帘被卷放机具的功率及扭矩等参数，一般日光温室长度以 50～60m 为宜。

（4）温室屋面角

温室屋面角包括温室前屋面角和温室后屋面角。温室前屋面角是指温室前部塑料薄膜采光面与地平面的夹角；温室后屋面角是温室后屋面与后墙水平线的夹角。

温室屋面角对太阳直射光透光率的影响显著。当温室屋面与太阳直射光线的夹角（光线投射角 $\beta$）成 90°时，温室的透光率和太阳辐射热射入率最高，此时的温室屋面角称为理想屋面角（$\alpha_0$）。温室透光覆盖材料对光线的吸收率是一定的。

光线的透过率决定反射率的大小，反射率小，透过率就高。太阳辐射入射角为 0～40°，随入射角的增大，反射率增大，但变化不明显。温室设计时，以冬至那天的太阳高度角和 40°入射角为依据进行设计。相关角度示意图如图4-54 所示。中午时刻坐北朝南温室的前屋面角（$\alpha$）的公式为：

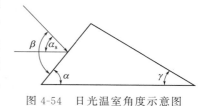

图 4-54　日光温室角度示意图

$$\alpha = \beta - \alpha_s \tag{4-41}$$

式中　$\alpha$——前屋面角，（°）；

　　　$\beta$——光线投射角，（°）。

日光温室采光屋面主要有圆拱形、倾斜平面形等。在采光屋面水平投影长度和脊高一定的情况下，圆拱形屋面倾角分布合理，所获得的太阳辐射也最多。倾斜平面形温室的总透光率虽然不及圆拱形，但直射光透过率较高，光照分布也较为均匀。日光温室后屋仰角（$\gamma$）受后墙高度、后屋面水平投影长度的影响，同时也与采光效果和温室作业有关系，角度过小受光不好，过陡则不利于保温帘被的卷放。日光温室后屋仰角（$\gamma$）一般按冬至日太阳高度角加 5°～7°设计。例如，北纬 40°地区冬至日太阳高度角为 26.5°，则日光温室后屋仰角取31.5°～33.5°比较合理。

（5）后屋面水平投影长度

日光温室后屋面越长，冬季夜间保温效果越好，但后屋面过长会造成北部地面阴影区域过大，使白天升温较慢，一般为 1.0～1.4m。

## 4.8.4　主动式太阳能温室

被动式太阳能温室又称日光温室，原理是把温室本身当作一个集热系统，一般是通过优化其采光材料、保温覆盖材料、结构形式和方位来提高太阳能利用率的。但是，气候、昼夜交替和季节等因素对被动式太阳能温室影响较大。只是被动利用太阳能很难满足种植蔬菜对温度的要求，很大程度限制温室生产。因此，可以采用安装了太阳能集热器的主动式太阳能温室来解决温室生产问题。主动式太阳能温室土壤作为蓄热介质，白天利用太阳能集热器加热空气，热空气经风机抽入地下管道，通过地下管道与土壤的热交换，将热量传给土壤储存。热量在夜间缓慢释放，从而使土壤保持恒温。当夜间大棚内气温过低时，系统将自动启动风机，把地下贮存的热量带到地上，由于土壤巨大的热容量和较小的热导率，热量从温度较高的地下土壤向上缓慢传递，从而使大棚内土壤温度升高，满足作物根系对地温的需求。

## 4.8.5　光伏太阳能温室

　　光伏太阳能温室是一种新型太阳能温室，它既可以满足果蔬种植基本要求，同时可以利用光伏板发电。图 4-55 为光伏太阳能温室实拍图。光伏太阳能温室的光伏板交错布置，同时满足发电和农业生产采光。

图 4-55　光伏太阳能温室实拍图

　　(1) 光伏太阳能温室工作原理

　　光伏面板与温室集成在一起，用于产生电力。在白天，太阳辐射落在温室上增加了温室内部的温度。在晴朗的日子里，温度可能会上升到 50～55℃。在冬季，由于低温，植物的生长减少。温室有助于在冬季将室内温度提高 40～45℃。室内一般还装有直流风扇连续运转，以使温室内的空气流动均匀。太阳辐射落在光伏组件上被转化为热能和电能。热能对流到温室有助于提高温室的温度。电能存储在电池中可以向电气设备供电。

　　(2) 光伏太阳能温室分类

　　按照结构分类，光伏太阳能温室有两种类型，一种类似于传统的日光温室，带有保温性能良好的墙体，在采光面上安装有光伏太阳能电池板，称为光伏太阳能日光温室；另一种类似于传统的连栋温室，屋顶向阳面安装有光伏太阳能电池板，墙体透明，以薄膜、玻璃或阳光板为墙体材料，保温性较差，称为光伏太阳能连栋温室。

　　按照遮光程度分类，光伏太阳能温室有全遮光型和部分遮光型。全遮光型多为日光温室结构类型，温室内几乎没有光照，温度变化较为平衡，适合种植食用菌类产品。部分遮光型包括全部的太阳能连栋温室和一些光伏太阳能日光温室。

　　(3) 光伏太阳能温室优缺点

　　光伏太阳能温室优点是在温室的表面加装太阳能电池板能够让温室具有发电的功能，从而能够更好地利用太阳能。光伏太阳能温室在同一块土地上实现了发电与种植的同时进行，能够节约土地资源。

　　光伏太阳能温室缺点是光伏太阳能电池板不能伴随着季节的变化而变化，在光照较少的季节，发电与植物的生长会产生相应的矛盾，且光伏太阳能温室的建造成本相对较高，回报周期长，不适合小规模的家庭经营模式。此外，光伏太阳能温室对植物的要求也较高，在一般情况下，光伏太阳能温室并不适合种植喜光的植物。相反，光伏太阳能温室通常情况下适宜种植不太需要高强光的植物或不需要见光的植物，如叶菜与食用菌等。

# 第 5 章
# 太阳能光伏发电

目前太阳能发电的主要途径有两种，一是太阳能光伏发电，二是太阳能热发电。与太阳能热发电相比，太阳能光伏发电具有安全可靠、无噪声、受地域限制较小、无机械转动部件、故障率低、维护简便、规模可大可小、易与建筑物结合等优点。因此，近十年来我国太阳能光伏发电技术与规模发展十分迅速。

## 5.1 光伏发电发展简介

1839 年，法国科学家贝克雷尔（Becquerel）发现了光照能使半导体材料的不同部位之间产生电位差的现象，这种现象后来被称为"光生伏特效应"，简称"光伏效应"。1883 年，Charles Fritts 在超薄金层上使用硒涂层制成了世界上第一个太阳能电池，这种电池的光电转换效率仅为 1％。1954 年，美国科学家恰宾（Chapin）和皮尔松（Pearson）在美国贝尔实验室首次制成了实用的单晶硅太阳能电池，效率为 6％。同年，韦克尔首次发现了砷化镓有光伏效应，并在玻璃上沉积硫化镉薄膜，制成了第一块薄膜太阳能电池。1958 年，太阳能电池首次应用于太空，装备美国先锋 1 号卫星电源。1959 年，多晶硅太阳能电池问世，效率达 5％。1975 年，非晶硅太阳能电池问世。同年，带硅电池效率达 6％～10％。20 世纪 70 年代出现的"能源危机"使人们逐渐认识到不能长期依赖传统化石能源，特别是随着温室效应与环境污染问题的加剧，以太阳能为代表的可再生能源的应用被提上了各国政府的议事日程。

时至今日太阳能电池已发展到第三代。第一代太阳能电池主要是单晶硅和多晶硅太阳能电池，其光电转化效率不断提高，生产成本不断降低，目前工业化生产的单晶硅太阳能电池效率已达到 23％左右；第二代太阳能电池是薄膜太阳能电池，其成本低于第一代太阳能电池，但是效率和使用寿命不如第一代太阳能电池；第三代太阳能电池是以染料敏化电池和钙钛矿电池为代表的新型太阳能电池，其具有薄膜化、高效化、原材料丰富和无毒性等特点。

2020 年全球光伏总装机量为 707.5GW，相比于 2019 年提升了 21.5％。图 5-1 是 2010 年到 2020 年世界主要国家和地区光伏总装机量示意图。

图 5-2 是 2020 年世界主要国家和地区光伏装机量在全球的占比情况，其中我国光伏总装机量为 253.8GW，占世界光伏装机总量的 35.9％，居世界第一位。据国家发改委发布的《中国 2050 年光伏发展展望（2019）》预测，2050 年光伏将成为中国第一大电源，光伏发电总装机量将达到 50 亿千瓦，占全国发电总装机量的 59％，全年发电量约为 6 万亿千瓦时，占当年全社会用电量的 39％。2022 年 4 月 1 日生效的《建筑节能与可再生能源利用通用规范》要求新建建筑安装光伏系统。

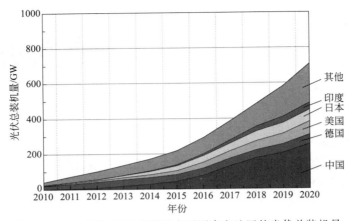

图 5-1    2010 年到 2020 年世界主要国家和地区的光伏总装机量

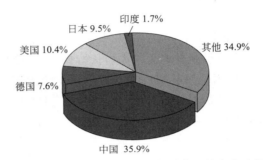

图 5-2    2020 年主要国家和地区光伏总装机量在全球的占比

## 5.2  光伏发电原理与性能

### 5.2.1  光伏发电原理

纯净晶体结构的半导体称为本征半导体，光伏发电中应用的半导体，根据向本征半导体中掺杂的元素种类的不同可分为电子型（N 型）半导体和空穴型（P 型）半导体。N 型半导体是在本征半导体中掺入微量 5 价元素如锑（Sb）、砷（As）、磷（P）等形成的，其内部带负电的电子浓度远远大于带正电的空穴浓度。P 型半导体则是在本征半导体中掺入少量的 3 价元素如硼（B）、铝（Al）、镓（Ga）、铟（In）等形成的，与 N 型半导体相反，P 型半导体内部的空穴浓度远远大于电子浓度。在一块完整的硅片上，用不同的掺杂工艺使其一边形成 N 型半导体，另一边形成 P 型半导体，两种半导体交界面附近的区域为 P-N 结。P-N 结的形成如图 5-3 所示。

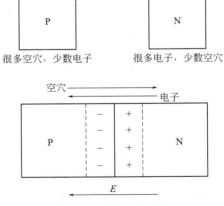

图 5-3    P-N 结的形成

　　固体半导体材料电子能级包括价带和导带，如图 5-4 所示，价带顶部和导带底部之间的能量差被称作禁带宽度，用 $E_g$ 表示。

　　当入射光子能量大于半导体材料的 $E_g$ 时，半导体内部原子的价电子受到太阳光子的激发，脱离共价键的束缚，从价带激发到导带产生光电子，并在内部产生很多电子-空穴对，称为"光生载流子"，其中电子带负电，空穴带正电。光生载流子受 P-N 结电场的吸引，电子流入 N 区，空穴流入 P 区，对外形成与 P-N 结势垒电场方向相反的光生电场，一旦接通外电路，即可有电能输出。

　　如图 5-5 所示是太阳能电池的基本构造示意图。电池核心由 P 区和 N 区半导体材料组成。在 N 区表面沉积有减反膜，它的作用是削弱电池表面对太阳光的反射，从而提高对太阳光的吸收。电池产生的光生电流由表面电极和背电极引出。

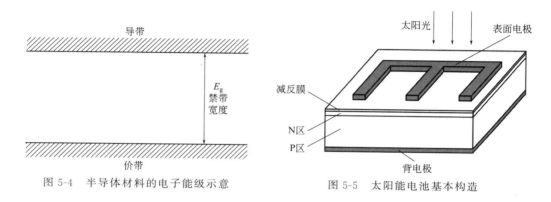

图 5-4　半导体材料的电子能级示意　　　　　图 5-5　太阳能电池基本构造

## 5.2.2　太阳能电池的性能

　　太阳能电池的性能通常采用等效电路法来分析。在稳定的太阳光照射下，太阳能电池会输出恒定的光生电流，而太阳能电池的核心单元 P-N 结是一个具有整流特性的二极管，因此在等效电路中太阳能电池可以用一个理想电流源 $I_{ph}$ 与一个二极管并联来表示。在实际太阳能电池的电路中，还包括由表面薄层电阻引起的串联电阻 $R_s$，以及由漏电引起的并联电阻 $R_{sh}$。太阳能电池的等效电路图如图 5-6 所示，图中 $I$ 和 $U$ 分别表示太阳能电池的输出电流和电压。

　　则电池的输出特性可以表示为：

$$I = I_{ph} - I_o \left[ e^{\frac{q(U+R_s I)}{nkT}} - 1 \right] - \frac{U+R_s I}{R_{sh}} \tag{5-1}$$

式中　$I_o$——无光照条件下二极管的饱和电流，A；

　　　　$q$——电子电荷，C；

　　　　$n$——导带电子浓度；

　　　　$k$——玻尔兹曼常数；

　　　　$T$——温度，K。

　　假设电路中有一个负载，其电阻为 $R_L$，则当电池受到太阳光照射时，输出的功率为：

$$P = IU = \left\{ I_{ph} - I_o \left[ e^{\frac{q(U+R_s I)}{nkT}} - 1 \right] - \frac{U+R_s I}{R_{sh}} \right\}^2 R_L \tag{5-2}$$

当负载 $R_L$ 从零变化到无穷大时，可以画出太阳能电池相应的负载特性曲线，如图 5-7 所示。在曲线上有一个点 $M$，该点对应的工作电流 $I_m$ 和工作电压 $U_m$ 之积最大，则称 $M$ 点为太阳能电池的最大功率点，$I_m$ 为最佳工作电流，$U_m$ 为最佳工作电压，对应的负载 $R_m$ 为最佳负载电阻，$P_m$ 为最大输出功率。

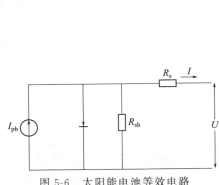

图 5-6　太阳能电池等效电路

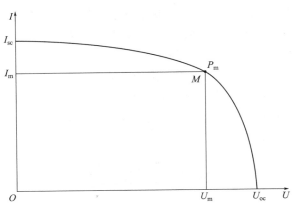

图 5-7　太阳能电池的负载特性曲线

为评价太阳能电池性能的优劣，可以采用最大输出功率 $P_m$ 与开路电压 $U_{oc}$ 和短路电流 $I_{sc}$ 的乘积的比值作为评价指标，这个比值称为填充因子（$FF$）或曲线因子，其表达为：

$$FF = \frac{P_m}{I_{sc}U_{oc}} = \frac{I_m U_m}{I_{sc}U_{oc}} \qquad (5-3)$$

$FF$ 是衡量太阳能电池输出特性优劣的重要指标，它与入射光的辐照度、反向饱和电流、串联电阻、并联电阻等密切相关。在一定太阳光辐照度下，$FF$ 越大，说明输出功率也越大。

在太阳能电池受到太阳光照射时，称其最大输出功率 $P_m$ 与太阳光入射功率 $P_{in}$ 的比值为太阳能电池的光电转换效率 $\eta$，它的表达式为：

$$\eta = \frac{P_m}{P_{in}} = FF \times \frac{U_{oc} I_{sc}}{P_{in}} \qquad (5-4)$$

由式（5-4）可知，当 $P_{in}$ 一定时，若要提高 $\eta$，必须从开路电压、短路电流和填充因子这三个方面着手。但是，这三个参量之间常常是互相关联的，无法简单地一同提高，所以在选择材料和设计工艺时，必须综合考虑这三个量，使三者的乘积最大，从而获得最高的总效率。

# 5.3　太阳能电池

太阳能电池的分类方法有多种，根据太阳能电池的发展历程，可以将其划分为晶体硅太阳能电池、薄膜太阳能电池和新型太阳能电池三大类，其详细分类如图 5-8 所示。晶体硅太阳能电池中的单晶硅和多晶硅太阳能电池是目前广泛使用的太阳能电池；薄膜太阳能电池是预计成本更低、具有发展前景的太阳能电池。

## 5.3.1　晶体硅太阳能电池

晶体硅太阳能电池是通过在晶体硅片上制作 P-N 结、减反膜，金属电极等结构制成的

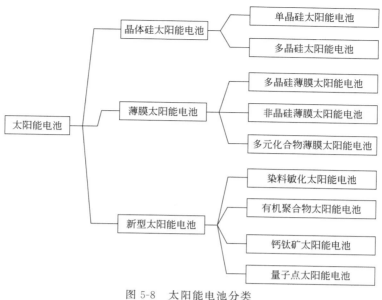

图 5-8　太阳能电池分类

太阳能电池，一般可分为单晶硅太阳能电池和多晶硅太阳能电池。由于制作工艺成熟、稳定性好、光电转换效率较高，晶体硅太阳能电池一直处于太阳能电池市场的主导位置。

（1）单晶硅太阳能电池

单晶硅太阳能电池是研究应用最早的硅太阳能电池，其转换效率最高，技术也最为成熟，多用于光照时间短、光照强度小、劳动力成本高的区域。2020 年，晶科能源公司制造的 N 型单晶硅双面电池在全面积条件下达到 24.87% 的高光电转化效率，但目前单晶硅太阳能电池商品的光电转化率大部分在 18%～23%，如何提高单晶硅太阳能电池的光电转换率、降低其成本、延长使用寿命一直是光伏领域研究的重要课题。

单晶硅太阳能电池的制备工艺如图 5-9。首先将高纯度的单晶硅棒切割成厚度为 200～500$\mu$m 的硅片，然后将硅片进行预处理制备绒面。绒面制备是指通过 NaOH 等碱性溶液腐蚀硅片，使硅片表面形成金字塔结构，该结构可以增强硅材料对太阳辐射的吸收。之后，硅片需在高温扩散炉内进行扩散制成 P-N 结，这是制备单晶硅太阳能电池最为关键的一步，需要在 850～900℃的高温下以液态三氯氧磷液作为扩散源，在 P 型掺杂的硅片上扩散形成厚度为 0.2～0.5$\mu$m 的 N 型半导体层。在这一过程中，硅片的所有表面包括边缘都会扩散上磷，如果硅片边缘的磷不被去除的话，可能会造成电池短路。因此，在保护硅片正面扩散层的情况下，需要用腐蚀方法除去背面和边缘的磷。为了降低硅表面对太阳辐射的反射，还需要在硅表面制备一层减反膜。为了将光生电流导出，需要在电池的表面制作正负电极，再经过高温烧结以形成电极欧姆接触。再经过质量检测与封装，单晶硅太阳能电池的制备就得以完成。

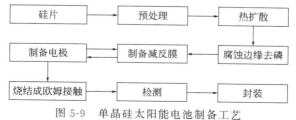

图 5-9　单晶硅太阳能电池制备工艺

　　虽然单晶硅太阳能电池的转换效率较高，在大规模光伏发电应用中占据主导地位，但由于单晶硅太阳能电池所需要的高纯硅生产工艺复杂，能量消耗大，使其成本较高。为了降低太阳能电池的应用成本，有些情况下选用价格较低的多晶硅太阳能电池。

　　（2）多晶硅太阳能电池

　　多晶硅太阳能电池的制作工艺与单晶硅太阳能电池相似，主要不同点在于硅片的来源不同。单晶硅太阳能电池硅片由采用直拉法制备的单晶硅棒切割而成，而多晶硅太阳能电池硅片则由采用铸造法制备的多晶硅锭切割而成。由于减少了拉单晶的环节，制造多晶硅太阳能电池过程中的能源消耗和污染排放都较低。

　　多晶硅锭是含有大量单晶颗粒的集合体，或者是由废次单晶硅料和冶金级硅材料熔化浇铸而成，因此多晶硅内部的晶格原子排列不均匀，晶粒取向不一致，有大量晶界存在，见图5-10。这就造成多晶硅太阳能电池工作时，其材料中的正、负电荷有部分会因晶格连接不规则而损失，不能全部被 P-N 结电场所分离，从而导致多晶硅太阳能电池的效率一般低于单晶硅太阳能电池。

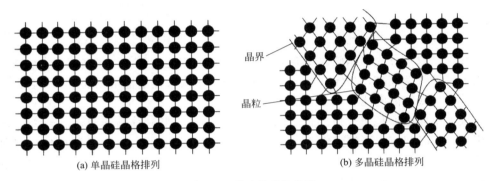

(a) 单晶硅晶格排列　　　　　　　　　　　　(b) 多晶硅晶格排列

图 5-10　晶硅的晶格排列

　　目前实验室中多晶硅太阳能电池的光电转换效率最高可达 24.4%，但实际商品多晶硅太阳能电池的效率多为 16%～18%，低于单晶硅太阳能电池的转换效率。但是多晶硅太阳能电池材料制造简便、节约电能，生产成本较低，因此得到较快的发展。

## 5.3.2　薄膜太阳能电池

　　薄膜太阳能电池的主体是 $2\sim3\mu m$ 厚的半导体薄膜。根据半导体材料的不同，薄膜太阳能电池可分为多晶硅薄膜太阳能电池、非晶硅薄膜太阳能电池及多元化合物薄膜太阳能电池等。

　　（1）多晶硅薄膜太阳能电池

　　通常的晶体硅太阳能电池是在高质量硅片上制成的，这种硅片从提拉或浇铸的硅锭上锯割而成，因此实际消耗的硅材料更多。为了节省材料，人们从 20 世纪 70 年代中期就开始在廉价衬底上沉积多晶硅薄膜，但生长的硅膜晶粒较小。而通常而言，转换效率随着晶体尺寸的增大而升高，因此这样的硅膜实际应用效果不佳。

　　为了获得大尺寸晶粒的薄膜，人们一直没有停止过研究，并提出了很多方法。目前制备多晶硅薄膜太阳能电池多采用化学气相沉积法、液相外延法和溅射沉积法等。

　　多晶硅薄膜太阳能电池具有良好的热稳定性、机械稳定性和表面平整度，与硅层的热膨胀匹配性好。相较于传统晶体硅太阳能电池，硅的使用量少，成本低也无效率衰退问题，并且可以在廉价衬底材料上制备，而其效率高于非晶硅薄膜太阳能电池。因此，多晶硅薄膜太阳能电池具有良好的发展前景。未来，我国新型薄膜太阳能电池将实现产业化，光电转换效率将达到 20% 左右。

（2）非晶硅薄膜太阳能电池

非晶硅薄膜太阳能电池是 1976 年出现的薄膜太阳能电池，它与单晶硅和多晶硅太阳能电池的制作方法完全不同，是一种用非晶硅半导体材料以玻璃、特种塑料、陶瓷、不锈钢等为衬底制备出来的太阳能电池。在制备过程中，非晶硅薄膜太阳能电池的硅材料消耗少、电耗低，是目前公认环保性能最好的太阳能电池之一。但这种电池的效率较低，并且在使用初期其光电效率会随着光照时间的延续而衰减，即存在所谓的光致衰退效应，这些问题长期阻碍了非晶硅薄膜太阳能电池的广泛应用。经过对性能恶化机理的研究并解决了部分问题后，非晶硅薄膜太阳能电池才得以广泛地进入市场。非晶硅薄膜太阳能电池还具有低成本、能量返回期短、可实现大面积自动化生产、高温性能好、弱光响应好等优点，近些年逐渐受到人们的重视。

目前，非晶硅薄膜太阳能电池稳定的电池效率能达到 13%，组件效率在 6%～8%，效率偏低。这制约着非晶硅薄膜太阳能电池作为大型太阳能电源的应用，使其只能应用于弱光电源。预计效率衰降问题克服后，非晶硅薄膜太阳能电池将促进太阳能利用的大发展。除此以外，基于非晶硅薄膜太阳能电池，一个研发方向是非晶硅基叠层太阳能电池，这种电池可以获得很高的转换效率，如日本的 Sanyo 公司已经制备出效率高达 20.7%、面积 $100cm^2$ 的电池。

（3）多元化合物薄膜太阳能电池

在发展硅系太阳能电池的同时，为了避开硅系电池存在的普遍问题，人们也在研制其他材料的太阳能电池。主要包括砷化镓（Ⅲ-Ⅴ族化合物）、硫化镉及铜铟硒薄膜太阳能电池等，这些薄膜太阳能电池由于具有较高的转换效率受到人们的普遍重视。

砷化镓属于Ⅲ-Ⅴ族化合物半导体材料，耐高温性强，在 200℃ 以上的温度下光电性能仍不受太大的影响，并且由于其最高约 30% 的光电转换效率，特别适合做高温聚光太阳能电池。因此，砷化镓电池在未来具有很高的研究价值。

硫化镉材料的光伏效应是雷诺兹于 1954 年发现的，并且在 1960 年就有采用真空蒸镀法制造出来的硫化镉太阳能电池，但效率仅有 3.5%。近年来，人们更着重研究薄膜型硫化镉太阳能电池。它是用硫化亚铜为阻挡层，构成异质结，按硫化镉材料的理论计算，其光电转换效率可达 16.4%。并且，因其具有制造工艺简单、设备问题容易解决等优点而被一些国家广泛关注。

铜铟硒（CIS）薄膜太阳能电池，是以铜、铟、硒三元化合物半导体为基本材料制成的太阳能电池。它是一种多晶薄膜结构，其特点是材料消耗少，成本低，性能稳定，光电转换效率在 10% 以上。近年来还发展了用铜铟硒薄膜加在非晶硅薄膜之上组成的叠层太阳能电池，提高了太阳能电池的效率，并克服了非晶硅光电效率的衰降问题。目前，小面积的 CIS薄膜太阳能电池的转换效率可达 18.8%，但由于制造技术尚未十分成熟，CIS 薄膜太阳能电池的转换效率会随着太阳能电池面积的增加而下降，大面积 CIS 薄膜太阳能电池的转换效率能达到 12%～14%。

以上这些多元化合物薄膜太阳能电池所能达到的效率较非晶硅薄膜太阳能电池高，也更易于大规模生产。但其组成元素稀有且可能对环境造成污染，因此很难被大规模使用，但可用于航天领域。

### 5.3.3　新型太阳能电池

新型太阳能电池包括染料敏化太阳能电池（dye sensitized solar cell，DSSC），量子点太阳能电池，钙钛矿太阳能电池和有机聚合物太阳能电池等。

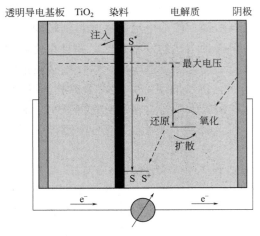

图 5-11　染料敏化太阳能电池结构示意图

DSSC 的工作原理和常规太阳能电池有着本质的不同，更类似于自然界的光合作用。如图 5-11 所示，它是由光阳极半导体薄膜、铂对电极和电解质溶液组成的"三明治"结构光电化学器件。典型的 DSSC 光阳极半导体薄膜由透明导电基板、多孔 $TiO_2$ 薄膜及其表面吸附的染料光敏化剂组成。当太阳光照射到光阳极表面时，染料分子（S）会吸收光子而跃迁到激发态（$S^*$）。激发态染料分子（$S^*$）释放的电子注入多孔 $TiO_2$ 薄膜的导带上，并扩散进入透明导电基板。电子在基板处被富集后传向外电路，经过负载最终回到铂对电极上，产生电流。与此同时，被氧化的染料分子（$S^*$）通过电解液扩散过来的还原态电解质还原回到基态（S），使染料分子得到再生，而氧化态的电解质则扩散到铂对电极得到电子回到还原态，从而完成整个循环过程。

目前，DSSC 的最高光电转换效率在 12% 左右，其优点是：制作工艺简单且无须使用昂贵的设备；所需材料丰富、成本低、耗能少、品种多样并且对环境影响不大；在制作中可使用不同种类的染料制造出无色或多色彩的商业化产品。因此，近几年来 DSSC 的发展前景非常好。但是，如果要在商业化方面获得一定的竞争力，还需进一步提高其稳定性及耐久性，改善整体电池模组的制备工艺。

染料敏化太阳能电池发展受到制约的关键难题之一就是敏化剂，而量子点敏化剂可以很好地解决有机染料存在的诸多问题。量子点是三维尺寸都足够小的纳米材料，其作为敏化剂主要有以下优点：①量子点敏化剂成本低廉，制备工艺较简单，同时具有非常好的光学稳定性；②通过对量子点的粒径进行调控能改变能带宽度并以此拓宽对太阳光谱的吸收范围；③量子点敏化剂具有多激子特点，能显著提高电池的转换效率。但是，目前的研究还处在初步阶段，电池效率很低，还有如电子空穴对复合、光生电子传输等问题需要解决。

钙钛矿太阳能电池是由 DSSC 演化而来的。2009 年，钙钛矿太阳能电池首次被提出，当时光电转换效率只有 3.8%。到 2021 年，已有科研团队在 $26cm^2$ 的面积上实现了钙钛矿太阳能电池 21.4% 的转换效率，钙钛矿/Si 叠层太阳能电池效率更是达到了 29.15%。短短几年之内，钙钛矿太阳能电池就得到了迅猛的发展，现在已成了目前最受关注、最有潜力的太阳能电池之一。然而，钙钛矿太阳能电池所需的有机材料对水蒸气和氧气十分敏感，器件的制备及测试一般需要在氮气手套箱中完成，因此电池的封装较为困难。接下来钙钛矿太阳能电池的研究重点应是在提高吸收层质量的同时优化器件结构，并且解决电池的封装问题。在大力研究下，钙钛矿太阳能电池能早日实现产业化，得到广泛应用。

有机聚合物太阳能电池也是当前能源领域的研究热点之一，具有柔性好、可大面积制备、质量轻、厚度较薄、制作工艺简单、材料来源广泛等优点，但同时也存在寿命过短和稳定性较差等问题。其未来的研究和发展方向是实现一个高稳定性的、转换效率高的、使用寿命长的且可进行商业化使用的聚合物太阳能电池。

另外，近些年来也有科学家发现，非常小的特定半导体晶体会产生电子的"雪崩效应"。在传统的太阳能电池中，1 个光子只能精确地释出 1 个电子，而某些半导体纳米晶体中，1 个光子可释出 2 个或 3 个电子，这就是所谓的"雪崩效应"。这在理论上导致由半导体纳米晶体正确组成的太阳能电池的最大输出能源效率将能达到 44%，并且有助于减少生产成本。

# 5.4　光伏发电系统

## 5.4.1　光伏发电系统的分类

太阳能光伏发电系统一般可分为不与电网连接的离网式光伏发电系统和与电网连接的并网式光伏发电系统。

（1）离网式光伏发电系统

离网式光伏发电系统又称独立式光伏发电系统。如图 5-12 所示，离网式光伏发电系统一般由太阳能电池板、控制器、蓄电池、逆变器及负载等构成。离网式光伏发电系统的容量较小，主要应用于岛屿及山区等难以并网的情况，发电量受自然环境影响波动较大，因此必须安装储电装置。当发电量大于负载时，太阳能电池通过控制器对蓄电池充电；当发电量不足时，太阳能电池和蓄电池同时对负载供电。控制器一般由充电电路、放电电路和最大功率点跟踪控制组成，主要控制蓄电池的充放电，起着保护蓄电池的作用。太阳能电池板输出的一般是直流电，因此为了交流负载可以使用，还必须有逆变器将直流电转换为与交流负载同相的交流电。

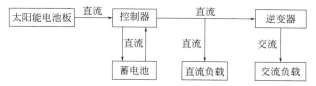

图 5-12　离网式光伏发电系统组成示意图

（2）并网式光伏发电系统

并网式光伏发电系统如图 5-13 所示，光伏发电系统直接与电网连接，其中逆变器起很重要的作用。并网式光伏发电系统通常不需要蓄电池，但在一些紧急场所如灾害避难所、医疗设备、加油站等应用中也可搭配蓄电池。根据装机规模的不同，并网式光伏发电系统又可以分为分布式和集中式。

通常的分布式并网光伏发电系统是家用光伏发电系统，以用户自用为主，多余电量也可并网外送。其运行模式是：太阳能电池输出的电能，经过直流汇流箱集中送入直流配电柜，再由并网逆变器转换成交流电供给建筑自身负载，多余或不足的电力通过连接电网调节。分布式系统电站接近用户，输配电简单，损耗小，建设成本低廉。另外，与建筑结合可有效消减建筑能耗，降低电力成本。

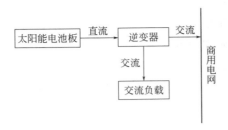

图 5-13　并网式光伏发电系统组成示意图

　　集中式并网光伏发电系统是指利用荒漠地区和相对稳定的太阳能资源建设的大型光伏电站，由许多光伏组件与逆变器组合后输出 380V 三相交流电，再通过电力变压器升压后接入高压输电网。集中式并网光伏发电系统具有规模大、输出相对稳定、发电效率较高等优点，缺点是需要长距离输电线路接入电网。

　　在实际应用中，离网式和并网式发电系统可以根据需求自主选择或组合使用。

## 5.4.2　光伏发电系统的主要组成

　　一套基本的光伏发电系统一般主要是由光伏组件阵列、控制器、逆变器和蓄电池（组）构成的。

　　（1）光伏组件阵列

　　光伏组件阵列是太阳能光伏发电系统中的核心部分，其作用就是将太阳能直接转换成电能，供负载使用或存贮于蓄电池内备用。光电转换的最小单元是太阳能电池单体，但由于其输出功率太小一般不能单独作为电源使用，将太阳能电池单体进行串联、并联和封装后，就成了光伏组件。光伏组件的功率一般为几瓦至数百瓦，是可以单独作为电源使用的最小单元。将光伏组件经过串并联后装在支架上，就构成了光伏组件阵列。太阳能电池单体、光伏组件和光伏组件阵列的关系如图 5-14 所示。

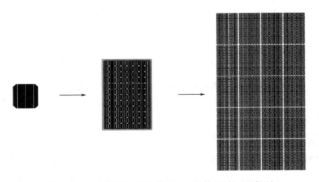

图 5-14　太阳能电池单体、光伏组件和阵列

　　① 光伏组件的串并联组合。如图 5-15 所示，光伏组件阵列中电池组件的连接有串联连接、并联连接和串并联混合连接三种方式。假设每个单体组件性能一致，如图 5-15（a）所示，并联连接时阵列的输出电压与单个电池组件相同，而输出电流为多个组件输出电流之和；而如图 5-15（b）所示，串联连接时阵列的输出电流与单个电池组件相同，而输出电压为多个组件输出电压之和；当电池组件采用串并联混合连接时，阵列的输出电压和输出电流

都会增加。但是，实际情况是组成阵列的所有电池组件性能不可能完全一致，各线路中的接触电阻也不尽相同。因此串联连接时阵列的输出电流会受限于其中电流最小的组件，而并联连接时阵列的输出电压又会被其中电压最低的电池组件钳制。因此光伏组件阵列内电池组件连接时会产生组合连接损失，使阵列的实际总效率低于其预期值。为了降低组合连接损失，应该尽量降低电池组件性能参数的离散性。除此以外，还可以对电池组件进行测试、筛选、组合，即把特性相近的电池组件组合在一起。例如，串联组合的各组件工作电流要尽量相近，并联组合每串与每串的总工作电压也要考虑搭配得尽量相近，最大限度地减少组合连接损失。

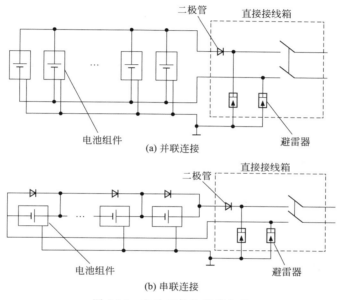

图 5-15　电池组件的连接方式

　　② 光伏组件的热斑效应。在光伏组件阵列中，当有部分组件被阴影遮挡或损坏，而阵列的其余部分仍处于阳光之下并正常工作时，被阴影遮挡或损坏部分就会被当作负载消耗正常工作部分电池产生的能量，并因此发热，这种情况被称为"热斑效应"。

　　热斑效应会严重地破坏光伏组件，甚至可能会使焊点熔化、封装材料破坏，乃至使整个组件失效，对光伏组件阵列的正常使用产生较大影响。由于光伏组件阵列在长期使用中难免落上飞鸟、尘土、落叶等遮挡物，热斑效应是不可避免的，需要对其进行防护。对于串联电路来说，需要在光伏组件的正负极间并联一个旁路二极管，而对于并联支路则需要串联一只二极管，以此来避免回路中光照组件所产生的能量被遮蔽的组件吸收消耗。

　　（2）控制器

　　在小型光伏发电系统中，控制器主要用于保护蓄电池，起着防止蓄电池过充电和过放电的作用，因此也被称为充放电控制器。而在大、中型光伏发电系统中，控制器应具备如下功能。

　　① 信号检测。对光伏系统的运行参数包括输入电压、输出电压、充电电流、输出电流和蓄电池温升等进行检测，判断光伏系统中各装置和各单元的运行状态，为系统的控制和保护提供依据。

② 蓄电池充电管理。判断蓄电池工作状态和太阳能资源状况，在兼顾快速、高效充电和对蓄电池寿命影响最小的条件下，实现最佳充电。

③ 蓄电池放电管理。管理蓄电池组的放电过程，包括控制系统软起动、负载控制自动开关机等。

④ 设备保护。在特殊情况下对光伏系统的用电设备提供保护，比如当系统逆变电路故障从而导致电压过高和负载短路问题时，如果没有控制器及时调控，就有可能影响系统的正常使用。

⑤ 故障诊断定位。当光伏系统发生故障时，自动对故障类型进行判断，并定位故障位置以方便系统维护。

⑥ 运行状态指示。利用指示灯、显示器等显示系统运行状态和故障信息。

控制器可以采用多种技术方式来实现其控制功能，主要可以分为以模拟和数字电路为主构成的逻辑控制和利用处理器快速运算判断能力的计算机控制两种方式。目前控制器的研发、生产正朝着智能化、多功能化发展，而计算机控制便是智能控制器多采用的控制方式。

光伏控制器的主要技术参数如下。

① 系统电压。控制器的选用应与系统电压相匹配。

② 最大充电电流。控制器的最大充电电流要根据光伏组件或阵列输出的最大电流来选择。

③ 蓄电池过充、过放电保护电压。为防止蓄电池过充、过放电，当达到设定电压值时控制器自动断开电路，为满足系统正常工作和保护蓄电池的要求，控制器的过充、过放电保护电压需合理设置。

④ 光伏组件阵列输入路数。小功率光伏控制器一般采用单路输入方式，而大功率光伏控制器都是由太阳能电池阵列多路输入的。

⑤ 电路自身损耗。控制器的电路自身损耗会降低光伏电源的转换效率，因此要尽可能低，一般控制在不超过其额定充电电流的 1% 或 0.4W。

⑥ 温度补偿。蓄电池工作在不同的环境温度下，充电电压会受温度影响，为使蓄电池的充电电压设置得更加合理，控制器一般都有温度补偿功能，其温度补偿值为 -20～40mV/℃。

⑦ 工作环境温度：控制器的工作温度随工作环境不同而不同，一般的温度范围为 -20～50℃。

（3）逆变器

逆变器的主要作用是将光伏组件阵列和蓄电池提供的低压直流电转变成 220V 单相或 380V 三相的交流电，再将交流电提供给交流负载或者输入电网。

逆变器有多种类型，不同类型的逆变器工作原理和工作过程不同，但其基本的逆变过程是相同的。实际应用的逆变器，在基本逆变过程的基础上，还需要增加许多功能电路和辅助电路。

单相桥式逆变电路是最基本的逆变电路，其工作电路图如图 5-16（a）所示。图中 $E$ 表示输入电路的直流电压，$R$ 代表电路中的纯电阻负载，$K_1$、$K_2$、$K_3$ 和 $K_4$ 为开关。当接通 $K_1$ 和 $K_3$，断开 $K_2$ 和 $K_4$ 时，电流依次流过 $K_1$、$R$ 和 $K_3$，此时 $R$ 上的电压左正、右负；当接通 $K_2$ 和 $K_4$，断开 $K_1$、$K_3$ 时，电流依次流过 $K_2$、$R$ 和 $K_4$，$R$ 上的电压反向，即右正、左负。若以频率 $f$ 交替切换上述两组开关，则 $R$ 上可得到交变电压 $U$，其频率为 $f$，周期 $T=1/f$，理想波形为方波，如图 5-16（b）所示。

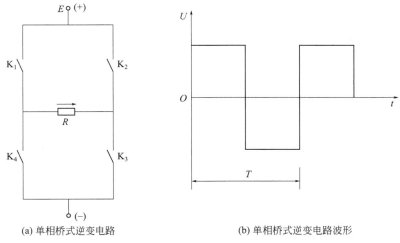

(a) 单相桥式逆变电路　　　　　　　　(b) 单相桥式逆变电路波形

图 5-16　单相桥式逆变电路及其波形图

目前逆变器功率开关器件多采用功率场效应晶体管（POWER MOSFET）、可关断晶闸管（GTO）、快速晶闸管（SCR）及绝缘栅双极型晶体管（IGBT）等。

逆变器输出的电压波形可以具有不同的形式。图 5-17 是逆变器三种不同输出电压波形的示意图，根据输出电压波形的不同，可将逆变器分类如下。

① 方波逆变器。顾名思义，方波逆变器输出的电压波形为方形，如图 5-17（a）所示。方波逆变器的优点是使用的功率开关管数量少，线路简单，价格便宜，维修方便。但方波逆变器调压范围不够宽，噪声比较大，特别是方波电压中有大量的高次谐波，在带有变压器或铁芯电感的负载上会产生损耗，对通信设备和收音机有干扰。

② 阶梯波逆变器。阶梯波逆变器输出的电压波形为阶梯形，如图 5-17（b）所示。它的优点是高次谐波含量比方波逆变器少；当阶梯数足够多，如大于 17 时，输出波形近似为准正弦波；采用无变压器输出时，整机效率高。缺点是需要使用的功率开关管较多，有时需要多组直流电源输入，为太阳能电池阵列的分组、接线以及蓄电池的均衡充电带来不便；对通信设备和收音机仍有高频干扰。

③ 正弦波逆变器。正弦波逆变器输出的交流电压波形为正弦波，如图 5-17（c）所示。该逆变器的优点是输出波形失真度很低，噪声低，对通信设备及收音机的干扰小，保护功能齐全，整机效率高，是目前主流形式。缺点是线路相对复杂，价格较贵，维修要求高。

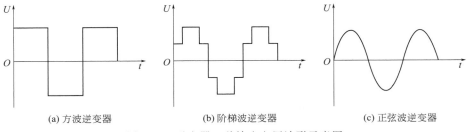

(a) 方波逆变器　　　　　　　(b) 阶梯波逆变器　　　　　　(c) 正弦波逆变器

图 5-17　逆变器三种输出电压波形示意图

④ 组合式三项逆变器。在独立供电系统中，用电器多数为
单相负载，但少数情况下也有三相负载。在这样的供电系统中，
当三相负载出现大的不平衡性时，传统的三相逆变器会无法正
常工作。近年来，一种由单相逆变器组成的三相逆变器开始在
光伏系统中得到应用，称为组合式三相逆变器，其原理示意图
如图 5-18 所示。

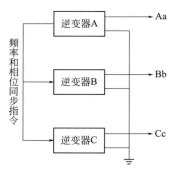

图 5-18　组合式三相
逆变器原理示意图

图中 A、B、C 为三个独立的单相逆变器，可分别带单相负
载。与普通单相逆变器不同的是，实际运行时 A 逆变器向 B、C
逆变器发出频率和相位的同步指令，使 A、B、C 三个逆变器的
输出端形成相位互差 120°的三相交流电压，因此也可以带三相
负载，如电动机等。在三相负载严重不平衡的情况下，逆变器仍可以正常工作。

在工程应用中，主要根据以下几个主要的技术参数来选择要选用的逆变器类型：①输入
直流电压范围，如 DC24V、48V 等；②输出额定电压，如三相 380V 或单相 220V；③输出
电压波形，如正弦波、阶梯波或方波；④冷却方式，如自然风冷、强迫风冷或水冷。

除此以外，选择逆变器时还需要注意以下技术要求：①额定容量和过载能力；②输出电
压稳定度；③额定效率和低负荷效率；④是否有过电流保护与短路保护功能；⑤是否有良好
的可维护性。

（4）蓄电池

蓄电池的作用是将光伏组件阵列发出的直流电直接储存起来，供负载使用。在光伏发电
系统中，蓄电池处于浮充放电状态，当日照量大时，除了供给负载用电外，还对蓄电池充
电；当日照量小时，这部分储存的能量将逐步放出。蓄电池处于循环充放电状态，因此在这
种环境下的蓄电池寿命称为循环寿命。目前可供选择的蓄电池主要有以下几种。

① 阀控式铅酸蓄电池。阀控式铅酸蓄电池是发展最为成熟的蓄电池，在当前的应用也
较为普遍。其主要优点是材料价格低廉，制作成本低；同时性能稳定，安全可靠。但阀控式
铅酸蓄电池的循环寿命很低，在 100% 放电深度下，一般寿命只有 300～600 次。另外，阀
控式铅酸蓄电池的能量密度较低，同样的蓄电能力下，阀控式铅酸蓄电池需要比其他电池占
用更多空间。再者，由于阀控式铅酸蓄电池中含有铅，在生产、使用和回收中会对环境造成
污染。尤其是未经正确处理的废旧铅蓄电池会严重污染土壤和水源。

② 锂离子电池。锂离子电池具有输出电压高，工作温度范围宽，比能量高，效率高等
优点。其缺点是深度放电将直接降低电池的使用寿命；在光伏发电系统中，采用过充保护电
路或均衡电路，可提高安全性和寿命。磷酸铁锂电池是锂离子电池的一种，目前由于安全可
靠和高倍率放电性能受到关注。

③ 钠硫电池。钠硫电池也是新型蓄电池的一种，其比能量高，效率高，几乎无自放电，
可高功率放电，且循环寿命超过 2500 次，是适合功率型应用和能量型应用的蓄电池。但钠
硫电池不能过充电和过放电，在受外力冲击和机械应力时较易损坏，因此稳定性较差。同时
电池中含有钠、硫，有一定的安全隐患和环保问题。

④ 全钒液流电池。全钒液流电池是一种新型的储能电池，其功率主要取决于电池堆的
大小，而储能容量取决于电解液储量和浓度，两者可独立设计，比较灵活，适用于大容量储
能。并且全钒液流电池可深度放电而不损坏电池，循环寿命较长，一般在 1500 次以上。但
缺点是目前全钒液流电池成本十分昂贵，且稳定性需要提高。

目前光伏发电系统中使用的蓄电池主要是阀控式铅酸蓄电池。综合来看，锂离子电池有较强的竞争力，是新一代蓄电池的较好选择。钠硫电池和全钒液流电池则需要形成产业化，降低成本。

### 5.4.3　温度对光伏发电效率的影响

对于常用的晶体硅太阳能电池，其开路电压和短路电流都随着温度的变化而变化。当电池温度升高时，短路电流将小幅升高，而开路电压大幅度下降，由式（5-4）可知，太阳能电池的转换效率会随之下降。在太阳能电池的使用过程中，除了 20% 左右的太阳能转化为电能外，大部分太阳能转化为热能，导致光伏板温度升高。一般晶体硅太阳能电池温度每上升 1℃，其输出功率下降约 0.4%。为防止太阳能电池的发电效率降低，需要对太阳能电池进行冷却降温。目前采用的冷却方法主要包括自然对流冷却、强制对流冷却和光伏-光热（PV/T）冷却等。

① 自然对流冷却是采用空气或水等作为冷却介质，在电池基板上加自然对流流道或加装肋片来增大基板表面的自然对流传热系数及换热面积，从而增强散热，使基板和电池得以冷却。这种冷却方法结构简单、技术成熟，但冷却效果有限，对光伏电池效率的提升幅度不大。

② 强制对流冷却则由外界提供循环动力，使冷却介质与太阳能电池板发生强制对流换热。采用强制对流冷却可以有效降低太阳能电池板的温度，冷却效果好。但从经济性考虑，采用强制对流冷却必然会造成额外的能耗，另外在提供外部冷源时，容易出现太阳能电池板表面温度分布不均匀的现象，太阳能电池板长时间处于温度不均匀的条件下工作会缩减寿命。

③ 光伏-光热冷却是指将光伏板和集热器结合起来。集热器的介质将太阳能电池板表面的热量及时带走，这样既控制了太阳能电池的工作温度，又能使带走的热量在集热器中得到有效利用，大大提高了太阳能的综合效率。

### 5.4.4　离网式光伏发电系统设计案例

本节以某偏远地区无电户安装家用太阳能供电系统为例。该系统配备先进的控制及逆变设备，将光伏组件发出的直流电转化为 220V 交流电，为用户提供生活用电。供电系统中的负荷如表 5-1 所示。

**表 5-1　供电系统对应的负荷**

| 负荷名称 | 负荷数量 | 负荷功率/W | 工作时间/(h/d) | 日耗电量/(W·h) |
|---|---|---|---|---|
| 节能灯 | 1 | 11 | 4 | 44 |
| 电视机 | 1 | 70 | 3 | 210 |
| VCD 机 | 1 | 30 | 3 | 90 |
| 共计 | — | — | — | 344 |

（1）光伏组件阵列安装角度设计

光伏组件阵列的最佳倾角需要根据当地的经纬度来决定，本案例中根据附录 5 得到该地区的最佳安装角度为 31°。

（2）光伏组件阵列的容量计算

光伏组件阵列的容量设计根据式（5-5）和式（5-6）计算：

$$W_0 = \frac{\delta H}{QR\eta_T} \tag{5-5}$$

$$\eta_T = F\eta_1\eta_2\eta_3\eta_4 \tag{5-6}$$

式中　$\delta$——年用电同时率，一般取 0.9；

$\quad H$——年理论总用电量，kW·h；

$\quad W_0$——太阳能电池峰值容量计算值，kW；

$\quad Q$——水平面上太阳能年辐照量，kW·h/m²；

$\quad R$——光伏组件阵列表面接收到的太阳能年辐照量与水平面年辐照量的比值，一般取 1.2；

$\quad \eta_T$——系统总效率；

$\quad F$——用户使用不当损失的效率，取 0.9；

$\quad \eta_1$——蓄电池充放电效率，取 0.85；

$\quad \eta_2$——温度损失因子，取 0.9；

$\quad \eta_3$——灰尘遮蔽损失因子，取 0.9；

$\quad \eta_4$——逆变器的效率，取 0.9。

在本次计算中，该地区水平面上太阳能年辐照量为 1.46MW·h/m²。则计算得户用系统组件峰值容量为 115.6W，考虑到供电的可靠性，需要对求得的组件容量进行修正，一般容量扩大 5%～15%，本系统计算中取容量扩大 15%，因此实际可选取光伏组件阵列的峰值容量为 140W。

（3）蓄电池容量计算

蓄电池容量的选择正确与否是户用太阳能光伏电源系统的关键问题之一，如果设计不合理，会加快蓄电池的损坏，蓄电池容量设计根据式（5-7）计算：

$$C_W = \frac{Q_L dF}{VKD} \tag{5-7}$$

式中　$C_W$——蓄电池的容量，W·h；

$\quad d$——最长无日照用电天数，一般取 3；

$\quad F$——蓄电池放电容量的修订系数，通常取 1.2；

$\quad Q_L$——所有用电设备的总用电量，W·h；

$\quad D$——蓄电池放电深度，取 0.7；

$\quad K$——包括逆变器在内的交流回路的损耗率，通常取 0.8；

$\quad V$——系统电压，24V。

把负荷代入公式得 $C_W \approx 90$A·h。

（4）逆变器容量计算

逆变器容量计算如式（5-8）：

$$C_N = K(\lambda P_G + P_C) \tag{5-8}$$

式中　$K$——负荷系数，一般取 1.2～1.5；

$\quad \lambda$——感性负载启动时浪涌电流是额定电流的倍数，一般取 2.5；

$\quad P_G$——感性负载；

$P_C$——阻性负载。

把用户使用负荷按式（5-8）带入得逆变器容量 $C_N$ 为 191W，因此选择 300V·A 的逆变器容量完全满足实际要求。

（5）控制器的容量计算

控制器的选择可按式（5-9）计算：

$$I_E = AI_f N \tag{5-9}$$

式中　$I_E$——控制器的额定电流，A；

　　　$A$——安全系数，取 1.05～1.20；

　　　$I_f$——每路光伏组件阵列的输出峰值电流，即光伏组件阵列峰值功率与电池组件峰值电压之比；

　　　$N$——控制器并联的路数。

本系统中，光伏组件阵列峰值功率为 140W，峰值电压为 35V，选择控制器并联路数为 1 路，则计算得控制器的额定电流 $I_E$ 为 4.8A。

# 5.5　光伏发电在航空航天领域的应用

太阳能光伏发电技术可直接将太阳光转换成电能，具有能量获取方式简单和不需要燃料等优点，能够极大地减小飞机或航天器对于液体或固体燃料的依赖，因而被广泛应用于航空航天领域。

## 5.5.1　光伏发电与太阳能飞机

太阳能飞机是一种以太阳能为推进能源的飞机，具有巡航时间长、飞行高度高、成本低等特点，而且可以灵活执行多种任务，清洁无污染，其动力装置主要由太阳能电池组、直流电动机、减速器、螺旋桨和控制装置组成。由于太阳能的能量密度低，为了获取足够的能量，需要在机翼的上方铺设太阳能电池，因而太阳能飞机的机翼面积较大。

太阳能飞机的电池主要为薄膜太阳能电池，因其本身具有良好的柔性，可以给太阳能飞机的气动外形设计、机翼翼型选择提供更大的设计空间，从而能大幅提高太阳能飞机的续航能力。其中非晶硅薄膜太阳能电池由于厚度小、制造温度低、易于大面积铺设等优点而在薄膜太阳能电池中占首要地位。如图 5-19，瑞士的"阳光动力 2 号"是首次完成环球飞行的太阳能飞机，该飞机采用的薄膜太阳能电池厚度只有 135$\mu$m，光电转换效率可达 22.7%。英国奎奈蒂克公司研制的"西风 7 号"太阳能无人机的机身安装了新型薄膜太阳能电池，可在白天利用太阳能提供动力，夜晚靠蓄电池的储能飞行，该太阳能无人机能够以 56km/h 的速度续航，持续飞行时长可达 250h，最大升限 21km。2016 年西北工业大学成功设计了一架机身覆盖铜铟镓硒薄膜太阳能电池的太阳能无人机，该飞机的夏季滞空时间为 23h，冬季滞空时间为 13h。

就目前太阳能电池的发展情况来看，砷化镓太阳能电池组件效率最高可达 47.6%，能够基本满足太阳能无人机的发电需求。随着飞行高度增加，太阳辐射增强，环境温度下降，太阳能电池的最大功率增加；随着飞行速度增大，太阳能电池对周围环境的散热增大，自身温度降低，最大功率随之增加。提高太阳能电池功率面密度、二次电池能重比及效率是增加太阳能飞机负载能力和任务高度的技术要点。

## 5.5.2　光伏发电与卫星

太阳能电池作为唯一主动提供卫星能源的核心部件，能长期在大范围的阳光强度和温度下工作，具有可靠性高、效率高、寿命长和抗辐射性能良好等优点。因此，自20世纪50年代起，太阳能电池开始在航天飞机、空间站、人造卫星、太空飞行器、月球车及火星车等上作为主要电源。我国在2013年6月发射的神舟十号飞船，如图5-20所示，其动力源自两侧的太阳能电池翼，其中每侧太阳能电池翼各配有4块太阳能电池板，发电功率为1800W，转化效率达到26%左右，处于国际领先水平。同时，我国已经在2016年第四季度发射神舟十一号宇宙飞船，光伏发电技术在空间的应用将更进一步。

图5-19　"阳光动力2号"太阳能飞机

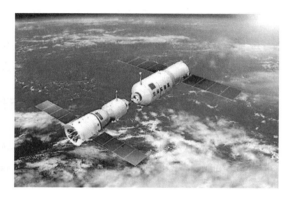

图5-20　以太阳能电池为动力源的神舟十号飞船

太阳能电池不仅能够为卫星提供能源，还可以安装在太阳能发电卫星上来构建卫星太阳能电站。这种太阳能电站工作在高度为35800km的地球静止同步轨道上，用大面积的太阳能电池板把太阳能转变为直流电，并通过无线输电技术将电能发送到地面。卫星太阳能电站主要由3部分组成：太阳能发电装置、能量转换和发射装置、地面接收和转换装置。太阳能发电装置将太阳能转化为电能。能量转换和发射装置将电能转换成微波或激光等形式，并利用发射装置向地面发送能束。地面接收系统接收空间发射来的能束，再通过转换装置将其转换为电能，最后由变、配电设施供给用户。整个过程经历了太阳能—电能—微波—电能的能量转换。

空间太阳能光照总量为地面平均太阳能光照能量的5倍以上，即使空间太阳能电站的能量传输效率只有50%，所获得的能量也将是地面平均值的2.5倍，因此卫星太阳能电站是世界各国研究的热点之一。目前，美国、日本、欧空局等针对卫星太阳能电站的结构设计、新型模型构建及太阳能发电系统优化等方面取得了一定进展，降低了技术难度和开发成本。我国作为能源消耗大国，开展空间太阳能电站的研究是解决能源危机、转变能源结构的必然趋势。近年来，我国提出了发展空间太阳能电站的"路线图"，将空间太阳能电站分四个阶段，目前处于第一阶段：进行需求分析，开展空间太阳能电站系统方案详细设计和关键技术研究，进行关键技术验证。在这一阶段，我国已经取得了一些重要成果，如对空间对称型二次反射太阳能聚光系统能量传输特性的理论分析，提出了OMEGA型空间太阳能电站聚光系统，提出了国际上创新的多旋转关节空间太阳能电站方案等，解决了多项国际技术难题。

　　卫星太阳能电站作为新型清洁可持续能源系统具有巨大的潜力，对于解决能源危机和化石燃料燃烧造成的环境污染有重要意义。通过数十年来的研究，已经证明了卫星太阳能电站的可行性，要实现卫星太阳能电站的商业化还需要进一步的研究，因此持续对卫星太阳能电站重要技术的研发必不可少。

# 第 6 章
# 太阳光照明

## 6.1　概述

照明用电是电力消耗的一个方面。据国际照明委员会统计，全世界每年照明用电约占总发电量的 $9\%\sim20\%$。我国照明用电占总发电量的 $10\%\sim12\%$。传统照明灯具中只有约 $15\%$ 的电能转化成光能，其余电能均以热能的形式散发到周围环境中，造成大量的电能浪费以及发电过程中产生的环境污染。

如何在建筑照明中有效利用自然光，充分发挥太阳资源效能，节省电费开支，是太阳能的又一个具有广阔应用前景的方向。

目前，利用太阳光直接照明的方法主要有导光管法和光导纤维法；此外，还有平面镜一次反光法，即利用平面镜将太阳光一次反射到室内需要采光的地方，这种方法采光和反光控制难度大，光污染比较严重。

本章主要介绍导光管法和光导纤维法。

## 6.2　导光管法

导光管法，也称作管道式日光照明，即利用导光管将收集到的光线传送到室内需要的地方，太阳光在传输过程中没有被处理。

导光管法是澳大利亚人戴维瑞利于 1986 年发明的，直到 2000 年左右这项技术被引入我国。经过几十年的改进，该方法已在全世界使用。导光管法是利用采光罩收集太阳光，用内表面极其光滑的导光管，将自然光导入需要照明的场所。该方法特别适用于建筑面积比较大的公共场所的照明，比如商场、体育馆、博物馆、地下通道等。

单纯的导光管只能在白天使用；如果在导光管内增加补光区，白天收集多余的太阳能发电，在阴天和夜晚可以智能补光，就可实现全天候照明。

### 6.2.1　导光管法的主要部件

单纯导光管法使用的主要部件是：采光罩，防雨装置，导光管和漫射器，如图 6-1 所示。

（1）采光罩

采光罩起着采集太阳光的作用。采光罩可采用光学级聚碳酸酯（PC）材料制作，其透光率接近 $90\%$，完全隔绝紫外线和红外线。其抗冲击性是普通亚克力材料的 30 倍，可以保证建筑结构的安全。

（2）导光管

由采光罩收集的太阳光在导光管内可经历多次反射，最后由导光管将太阳光输送到需要

图 6-1　导光管法的各主要部件

照明的地点。导光管内壁是具有高反射率的镜面反射材料，比如 3M 公司使用的光学多层膜镜面反射材料，反射率高达 99.7%，使用寿命超过 20 年，不生锈，零维护，管体可转弯。

（3）漫射器

来自导光管的光线，最后集中在漫射器上，再发散到室内。漫射器可实现太阳光多角度散射，使得光照均匀。漫射器类似于普通灯罩，形状也多种多样。

（4）日光调节器

在有些导光管的漫射器前，还安装了日光调节器，可调节 2% 到 100% 的光线输出，保证有稳定的照明亮度。

采光罩的大小和形状、管道的粗细和长短决定了照明的强度。采光罩越大，管道越粗，照明强度越大；管道越长，照明强度衰减得越多；中午的照明强度相对早、晚更高。为了克服变化多端的天气，使阴天和夜晚仍然有稳定的照明，在采集器上安装太阳能光伏发电板，将多余的太阳光发电，以电能的方式储存起来，供夜晚和照明光线不足时使用。

导光管法的光路示意图如图 6-2 所示。使用导光管法的建筑照明图如图 6-3 所示。

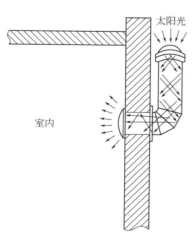

图 6-2　导光管法的光路示意图

图 6-3　使用导光管法的建筑照明图

## 6.2.2　导光管的采光计算

（1）照度计算

根据中华人民共和国行业标准 JGJ/T 374—2015《导光管采光系统技术规程》，导光管采光的光照度可按式（6-1）和式（6-2）计算：

$$E_{av} = \frac{n\varphi_u CUMF}{lb} \tag{6-1}$$

$$\varphi_u = E_s A_t \eta \tag{6-2}$$

式中　$E_{av}$——平均水平照度，lx；

　　　$n$——导光管采光系统数量；

　　　$\varphi_u$——导光管采光系统漫射器的设计输出光通量，lm；

　　　$CU$——导光管采光系统的利用系数，可按中华人民共和国国家标准 GB 50033—2013《建筑采光设计标准》的表 6.0.2 取值；

　　　$MF$——维护系数；

　　　$l$——房间的长度或侧窗采光时的开间宽度，m；

　　　$b$——房间进深或跨度，m；

　　　$E_s$——室外天然光设计照度值，lx；

　　　$A_t$——导光管的有效采光面积，m²；

　　　$\eta$——导光管采光系统的效率。

（2）采光效率

导光管采光系统效率可按下式计算

$$\eta = \tau_1 TTE \tau_2 \tag{6-3}$$

式中　$\tau_1$——集光器的可见光透射比；

　　$TTE$——导光管的传输效率；

　　　$\tau_2$——漫射器的透射比。

（3）传输效率

导光管传输效率的计算可按下列步骤进行。

① 导光管直段部分的等效长度，可按式（6-4）计算：

$$M = L/D \tag{6-4}$$

式中　$M$——导光管的等效长度；

　　　$L$——导光管的长度，m；

　　　$D$——导光管的管径，m。

② 确定各个弯曲段的等效长度。不同弯头角度的等效长度可按表 6-1 的规定取值。

③ 确定导光管的传输效率。不同等效长度导光管的传输效率可按表 6-2 的规定进行插值计算。

表 6-1　不同弯头角度下的等效长度

| 弯头角度/（°） | 管径/mm | | | |
| --- | --- | --- | --- | --- |
| | 250 | 350 | 530 | 650 |
| 30 | 4.8 | 3.5 | 2.3 | 1.4 |

| 弯头角度/ (°) | 管径/mm | | | |
|---|---|---|---|---|
| | 250 | 350 | 530 | 650 |
| 60 | 9.6 | 5.7 | 4.5 | 2.8 |
| 90 | 12.8 | 7.2 | 5.8 | 3.7 |

表 6-2　不同等效长度导光管的传输效率

| $M$ | 反射比 | | | |
|---|---|---|---|---|
| | 0.9 | 0.95 | 0.98 | 0.99 |
| 0 | 1.000 | 1.000 | 1.000 | 1.000 |
| 1 | 0.868 | 0.930 | 0.971 | 0.985 |
| 2 | 0.767 | 0.871 | 0.944 | 0.971 |
| 4 | 0.617 | 0.772 | 0.895 | 0.944 |
| 8 | 0.428 | 0.623 | 0.811 | 0.895 |
| 12 | 0.315 | 0.516 | 0.740 | 0.852 |
| 16 | 0.241 | 0.435 | 0.680 | 0.812 |
| 20 | 0.190 | 0.372 | 0.627 | 0.775 |
| 24 | 0.153 | 0.322 | 0.580 | 0.741 |
| 32 | 0.105 | 0.247 | 0.502 | 0.681 |
| 40 | 0.076 | 0.195 | 0.439 | 0.628 |
| 48 | 0.058 | 0.158 | 0.388 | 0.582 |
| 56 | 0.045 | 0.130 | 0.345 | 0.541 |
| 64 | 0.036 | 0.109 | 0.308 | 0.504 |
| 72 | 0.030 | 0.092 | 0.277 | 0.471 |
| 80 | 0.025 | 0.079 | 0.251 | 0.441 |

注：反射比为太阳光反射的能量与入射的能量之比。

导光管内壁反射材料的反射比可按表 6-3 的规定取值。

表 6-3　导光管内壁反射材料的反射比

| 材料名称 | 总反射比 | 漫反射比 |
|---|---|---|
| 聚合物反射膜 | 0.99 | |
| 保护银反射膜 | 0.98 | |
| 保护金反射膜 | 0.97 | <0.05 |
| 增强银反射膜 | 0.96 | |
| 增强铝反射膜 | 0.95 | |

# 6.3 光导纤维法

## 6.3.1 光导纤维的导光原理

光导纤维法是通过采用太阳跟踪、透镜聚焦等技术浓缩太阳光，再利用光导纤维把浓缩后的太阳光传送到需要的地方。适于采用光导纤维法照明的地方有很多，比如地下室、地下停车场、大型仓储商场、弹药库、矿井、油库、隧道、水中及植物栽培室等。该项技术在国外正在推广，国内也有公司开发了全自动跟踪太阳采光器。

图 6-4 是光导纤维的实物图。光导纤维的导光原理如图 6-5 所示，即：采用凸透镜聚焦太阳光时，聚焦折射作用使太阳光中不同波长的光线在光轴上形成的焦距不同，紫外线波长较短，焦点靠近透镜；红外线波长较长，焦点远离透镜。光导纤维入射端定在紫、红外线之间的可见光焦点上，仅传输可见光，将太阳光中的中紫外大幅度拦截，同时对 X、Y、Φ、β、γ、α 等放射性射线也进行了排除。

(a) 皮芯型光导纤维

(b) 芯型光导纤维

图 6-4　光导纤维的实物图

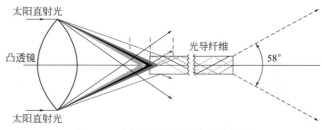

图 6-5　光导纤维导光原理示意图

## 6.3.2 光导纤维的分类

按材料分为玻璃石英和塑料光导纤维；按纤维结构分为皮芯型和自聚集型；按柔性分为可挠性和不可挠性；按传递光的波长分为可见光、红外线、紫外线和激光等。

用于光导纤维内的塑料材料主要有：聚甲基丙烯酸甲酯、聚苯乙烯、重氢化聚甲基丙烯酸甲酯和芯聚碳酸酯等。

由多透镜组成的光导纤维照明设备俗称"向日葵"，透镜数量根据需要配置，可以是 6、12、18、36、198 个不等。图 6-6 所示的是具有 18 个透镜的光导纤维照明设备，每个透镜配一根光导纤维。光导纤维照明设备的主要部件包括亚克力球罩、透镜、太阳感光器、机械装置、微电脑、光纤及输出灯具等。有些光导纤维照明设备还配套了光伏发电设备供电。

　　亚克力球罩的作用是一级过滤紫外线；透镜的作用是采集、分离、聚集阳光，二级拦截紫外线；太阳感光器也叫作太阳传感器，起着太阳定位的作用；机械装置的作用是驱动装置跟踪太阳；微电脑的作用是根据太阳与地球自转、公转的关系，通过程序对跟踪装置进行自动控制；光纤的作用是传输阳光；灯具的作用是利用自然光照明。

　　光导纤维照明可以通过滤光装置获得所需要的各种颜色的光，制成太阳能光纤彩色灯，如图 6-7 所示，以满足不同环境下对光色彩的需求。光导纤维照明实现了光电分离，光色柔和，采用过滤光谱的方式，过滤了红外线和紫外线，没有光污染。

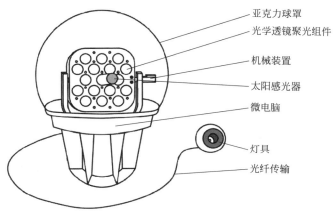

亚克力球罩
光学透镜聚光组件
机械装置
太阳感光器
微电脑
灯具
光纤传输

图 6-6　光导纤维照明设备示意图

图 6-7　太阳能光纤彩色灯

　　光导纤维法照明是一种新的照明技术，此法能进行紫外线的大幅拦截，有利于人类健康。产品商业运用已趋成熟，在国外已开始普及推广，使得太阳光采光的商业化运用进程加速，成本不断降低。

# 第 7 章
# 相变材料储热

全球气候变化、自然灾害不断发生向人类敲响了保护环境的警钟，节能减排已成为全人类的共同目标。我国政府于 2020 年正式提出"力争 2030 年前实现'碳达峰'，2060 年前实现'碳中和'"的能源发展战略，因此开发利用可再生能源势在必行。风能、太阳能等可再生能源具有间歇性和不稳定性，储热技术在提高能源系统的灵活性、实现可再生能源稳定输出、提高能源利用效率等方面发挥着重要作用。

目前热能储存方法包括显热储热、潜热储热和化学储热，三种热能储存方法中潜热储热的使用最为普遍。潜热储热，也叫相变储热，是利用储热材料在相变过程中吸收和释放相变潜热的特性来储存和释放热能的方法。相变材料（PCM，phase change material）是指温度不变的情况下改变物质状态并能提供潜热的物质，其储热能力是显热储热材料的 5～14 倍。相变过程中相变材料会吸收或释放大量热量，这部分热量称为相变潜热。采用相变材料储热技术，可将太阳能和地热能等可再生能源以热能的形式存储，对可再生能源的开发和利用具有重要意义。

目前相变储热技术的开发应用取得了一定的进展，但还有很多问题亟待解决，需要进一步完善。相变储热材料的应用领域广泛，种类繁多，但许多相变储热材料热导率低、易腐蚀，严重影响了材料的使用。因此，对于相变储热材料的开发，主要研究方向包括：提高相变材料的相变潜热；改善相变材料的导热性能，提高相变材料的相变速率；研发高性能的复合相变材料以及降低成本、实现工业化等。

相变材料的强化传热技术也是相变储热领域的主要研究方向之一，包括提高系统传热系数、保持传热温差以及增大传热接触面积等，具体内容在 7.2 节进行介绍。在相变储热的应用方面，主要包括简化复合相变材料的制备工艺、降低成本、实现工业化生产等，以进一步扩大相变储热的应用领域，实现最大程度节约能源、保护环境。

## 7.1　相变材料

### 7.1.1　相变材料分类

根据相变方式不同，相变材料一般可分为四类：固-固相变材料、固-液相变材料、液-气相变材料、固-气相变材料。虽然液-气相变、固-气相变过程的相变潜热较大，但相变过程中有大量气体存在，体积变化过大，实际应用中很少选用，反而常采用固-固和固-液两种相变。固-固相变是通过相变材料的晶体结构发生改变或者固体结构进行有序-无序的转变而可逆地进行储热、放热；固-液相变是通过相变材料的熔化过程进行储热，通过相变材料的凝固过程进行放热。

根据材料的化学组成不同，相变材料一般可分为无机物和有机物，高分子类属于有机物类。根据储热温度范围不同，相变材料分为高温和中低温两类，主要分类如图 7-1 所示。

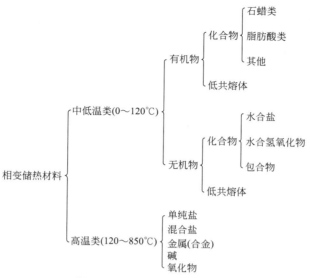

图 7-1 相变储热材料的分类

（1）中低温类相变材料

常见的中低温类相变材料主要包括无机水合盐类和石蜡及脂肪酸类等有机物。

无机水合盐类多为硫酸盐、磷酸盐、碳酸盐等的水合盐，表 7-1 是部分常见无机水合盐类相变材料的热物理性能。

表 7-1 部分常用无机水合盐类相变材料的热物理性能

| 相变材料 | 熔点/℃ | 潜热/(kJ/kg) |
|---|---|---|
| $KF \cdot 4H_2O$ | 18.5 | 231 |
| $LiClO_3 \cdot 3H_2O$ | 8.1 | 253 |
| $LiNO_3 \cdot 3H_2O$ | 30 | 296 |
| $Mn(NO_3)_2 \cdot 6H_2O$ | 25.8 | 125.9 |
| $CaBr_2 \cdot 6H_2O$ | 34 | 115.5 |
| $Na_2CO_3 \cdot 10H_2O$ | 33 | 247 |
| $Na(CH_3COO) \cdot 3H_2O$ | 58 | 265 |
| $Na_2HPO_4 \cdot 12H_2O$ | 40 | 279 |
| $Na_2SO_4 \cdot 10H_2O$ | 32.4 | 254 |
| $Na_2S_2O_3 \cdot 5H_2O$ | 48 | 201 |
| $NH_4Al(SO_4)_2 \cdot 12H_2O$ | 94.5 | 259 |
| $Al(NO_3)_3 \cdot 9H_2O$ | 72 | 155 |

无机水合盐相变材料溶解热较大，熔点固定，是中低温类相变材料中重要的一类，具有储热密度大、热导率较高、相变时体积变化小等优点。但经过多次吸、放热循环后，无机水

合盐类易出现固-液相分离、过冷、老化变质等不利现象，通常需要加入成核剂防止过冷，加入增稠剂、晶体结构改变剂等防止相分离。

石蜡和脂肪酸及同类化合物的低共熔体在熔化时吸收大量的热，脂肪酸主要有癸酸、棕榈酸、硬脂酸和月桂酸等及其混合物，表 7-2 是石蜡和部分脂肪酸的热物理性能。石蜡族的物理、化学性能长期稳定，能反复熔解、结晶而不发生过冷或晶液分离现象，石蜡储热时主要缺点是热导率很低，因此传热极慢。脂肪酸的性能与石蜡类相似，熔融温度在 30～70℃ 之间，储热密度中等，主要用于室内取暖和保温。

表 7-2    石蜡和部分脂肪酸的热物理性能

| 相变材料 | 熔点/℃ | 潜热/(kJ/kg) |
|---|---|---|
| 石蜡 | −12～75.9 | 225.7～267.5 |
| 癸酸 | 31.5 | 153 |
| 棕榈酸 | 62.5 | 187 |
| 硬脂酸 | 70.7 | 203 |
| 月桂酸 | 43 | 178 |

（2）高温类相变材料

高温类相变材料主要用于小功率电站、太阳能发电和低温热机等方面，常见的高温类相变材料主要包括单纯盐、碱、金属（合金）、混合盐、氧化物等。

单纯盐包括碱金属或碱土金属的卤化物、氯化物、碳酸盐、硝酸盐及硫酸盐等。常见的金属相变材料有 Al、Ge、Si 类，Mn-Zn、Al-Mg、Al-Cu、Mg-Cu 等合金的熔化热也很高，表 7-3 是部分金属及其合金相变材料的热物理性能。

表 7-3    部分金属及其合金相变材料的热物理性能

| 相变材料 | 熔点/℃ | 潜热/(kJ/kg) |
|---|---|---|
| Al | 661 | 400 |
| Li | 181 | 435 |
| Cu | 1083 | 205 |
| Al-Si | 579 | 515 |
| Al-Si-Mg | 560 | 545 |
| Al-Si-Zn | 560～608.6 | 349.1 |
| Al-Cu-Zn | 522.1～647.8 | 229.4 |
| Al-Mg | 591.2～630 | 223 |
| Mg | 649 | 368 |

常见的碱类相变材料有 LiOH、NaOH、KOH 等，其中 LiOH 的相变潜热值较高。碱的比热容高，熔化热大，稳定性强，高温下的蒸汽压力低，价格便宜。表 7-4 是部分碱类相变材料的热物理性能。

表 7-4　部分碱类相变材料的热物理性能

| 相变材料 | 熔点/℃ | 潜热/(kJ/kg) |
| --- | --- | --- |
| LiOH | 471 | 876 |
| NaOH | 612 | 301 |

混合盐就是根据需要将各种盐类配制成 $100 \sim 900℃$ 内使用的储热物质，与其他高温相变材料相比，熔融温度可调，熔融时体积变化小，传热好。常用的氧化物相变材料有 $MoO_2$、$BeO$、$TiO$ 等，使用温度很高，熔化热较大。低共熔体一般是由几种相变材料进行混合得到的，比如几种氟化物混合形成的低共熔体和 $LiOH$ 与 $LiF$、$LiCl$ 等盐类形成的低共熔体，可以调整相变温度和储热量。

### 7.1.2　相变材料选择标准

每种相变材料都有其优点与缺点，在实际应用中，需要根据不同应用情况进行选择。一般情况下，理想的相变材料在热力学、化学方面应具有下列特征。

① 熔点温度合适；② 相变潜热较大，存储一定热能时所需相变材料少；③ 密度大，存储一定热能时所需要的相变材料体积小；④ 热导率高，储放热过程的热交换性能良好；⑤ 发生相变的温度范围恒定，储放热过程易控制；⑥ 相变过程中不发生熔析现象，避免 PCM 化学成分变化；⑦ 凝固时无过冷现象，熔化时无过饱和现象；⑧ 热膨胀小，熔化时体积变化小；⑨ 无毒，对人体无危害；⑩ 腐蚀性小，与容器材料相容性好；⑪ 蒸汽压低以及原料易购、价格便宜等。

在实际应用时主要考虑的是相变温度合适、相变潜热高和价格便宜，注意过冷、相分离和腐蚀的问题。

## 7.2　相变储热强化传热技术

由上文对相变储热材料的介绍可知，除金属（合金）类相变材料外，多数相变材料的热导率较低，导致相变储热系统储放热速率慢、恢复时间过长，不能满足工业应用需求，这成为制约相变储热系统广泛应用的主要瓶颈之一。因此，强化相变材料的传热性能以及提升储热速率对提升相变储热系统的运行效率非常重要，对相变储热技术的应用推广具有重大意义。相变储热强化传热方法一般从相变材料本身和系统［主要针对相变材料（PCM）与传热流体（HTF）的换热情况］两个角度出发，具体分类如图 7-2 所示。

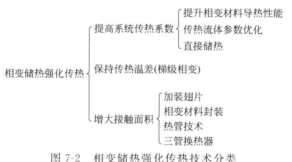

图 7-2　相变储热强化传热技术分类

## 7.2.1　提高系统传热系数

（1）提升相变材料导热性能

目前，提升相变材料自身热导率主要通过添加各类填料实现。常用的填料包括纳米颗粒和多孔介质材料。纳米颗粒有金属和非金属纳米颗粒、氧化物纳米颗粒、各类纳米碳族材料（如石墨烯、碳纳米管等）；多孔介质材料有热导率较高的泡沫金属（如泡沫铜、泡沫镍和泡沫铝等）和膨胀石墨等。膨胀石墨热导率较高，抗腐蚀性强，物理化学性质稳定，适用于提升中高类、低温类相变储热材料导热性能。

（2）传热流体参数优化

对于相变储热系统中的热量传输过程，除相变材料内部传热外，相变材料与传热流体之间的热量传输也是影响整个系统传热效率的关键因素。通过优化热流体的流量、温度等参数可以改善相变材料与传热流体之间的热量传输。提高传热流体的流量和入口温度可以增强系统换热效率，但高流量会增大管内流动阻力，提高泵功消耗。通过调整入口流量来提高换热效果时须综合考虑，在储热工况下，入口温度主要受系统设计参数限制，不易变更；在放热工况下，可以适当降低入口温度，以提高系统换热效率。

（3）直接储热

直接式相变储热系统传热系数较大的主要原因包括：相变材料与传热流体可直接接触发生导热和对流换热，无中间热阻，传热系数较大；此外，直接式换热器结构较为简易，省去间接式储热换热器内部的换热器和管路，增大了储热器内部空间，进而使储热量得到提升。但直接储热具有一定的局限性，要求相变材料与传热流体互不相溶，长期高低温循环工况下二者不发生化学反应。

## 7.2.2　保持传热温差

保持传热流体与相变材料间的传热温差可以显著提高相变材料的储放热效率。但在储放热过程中，相变材料的温度基本维持在相变点附近，而传热流体的温度随着储放热过程的持续会逐渐接近相变温度，传热流体和相变材料之间的温差逐渐减小；相变换热器的末端传热系数较低，影响系统整体效率。上述问题可以通过梯级相变技术得到解决。

将相变材料梯级布置也能有效提高相变装置的储、放热速率。梯级相变储热是按照"梯级储热装置各级温度匹配、能量梯级利用"的原则，在放热流体的流动方向上布置相变温度依次降低的相变材料。梯级相变材料示意图如图 7-3 所示，在该示意图中共设置了四种不同的相变材料 PCM1、PCM2、PCM3 和 PCM4，其相变温度大小为 $T_{PCM1} > T_{PCM2} > T_{PCM3} > T_{PCM4}$。

图 7-4 为梯级相变储热过程流体温度变化示意图，$T_{in}$ 和 $T_{out}$ 分别是热流体进、出梯级相变储热系统的温度，$T_{opt,n,n}$ 是各级相变材料的最佳相变温度。在梯级相变储热装置储热过程中，传热流体放热，相变材料吸热。将各级热流体出口温度与该级相变材料的相变温度之差定义为 $\Delta T$。为方便理论计算分析，做以下假设：

梯级相变储热装置中相变材料吸收的显热忽略不计；不考虑换热装置具体结构，忽略装置与环境之间的散热；相变材料的储热量大于传热流体的放热量；$\Delta T$ 为定值。

相变材料梯级布置显著提升了装置的储热性能。在梯级相变储热装置的放热过程中，吸热流体逆流进入储热装置并连续吸热，温度不断升高；与此同时相变材料的相变温度是梯级升高排布的，因此相变材料与吸热流体之间的传热温差保持稳定，即保证了装置输出稳定的热流，稳定出口流体的温度。

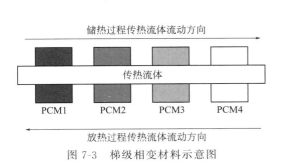

图 7-3　梯级相变材料示意图

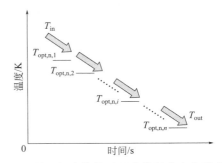

图 7-4　梯级相变储热过程流体温度变化示意图

## 7.2.3　增大传热接触面积

（1）加装翅片

换热器内部加装翅片是一种常见的提升传热性能的手段，广泛应用于各种强化传热情况。按照形状不同，常见的翅片包括纵向翅片、环形翅片、针状翅片、螺旋翅片等，如图 7-5 所示。目前主要使用各类热导率较高的金属作为制备翅片的主要材料，如铝制、铜制、不锈钢制等。

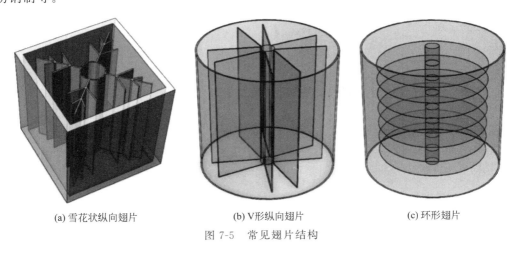

(a) 雪花状纵向翅片　　　　　　　　(b) V形纵向翅片　　　　　　　　(c) 环形翅片

图 7-5　常见翅片结构

在换热器内增设翅片会减小相变材料的填装量，即提升传热性能的同时可能会使储热量减小；此外，金属翅片的成本一般较高，增设过多翅片可能带来成本的大幅提升。采用翅片结构时应综合平衡传热性能提升与储热量减小、成本提升之间的关系。

（2）相变材料封装

相变微胶囊材料是以有机或无机聚合物、金属等材料为囊壁，以相变材料为囊芯制作而成的一种粒状储能材料。胶囊比表面积较大，将相变材料封装于其中可显著增大相变材料与传热流体的接触面积，增大换热量。此外，胶囊囊壁材料的热导率均远高于囊芯材料，复合材料的热导率得到显著提升，进而提升系统传热性能。

将相变材料封装于各类胶囊内部，还可有效防止相变材料泄漏，避免相变材料与传热流体、设备的直接接触，保证相变材料和传热流体不受污染，延长相变材料的使用寿命。

（3）热管技术

热管（HP）在相变材料与传热流体之间充当热流载体，通过热管中工质的蒸发、冷凝过程加快相变材料和传热流体之间的换热进程。由于热管深入相变材料和传热流体中，其两端与相变材料和传热流体充分接触，因此设置热管也是一种拓展传热面积的技术手段。

（4）三管换热器

三管换热器（TTHX）具有较大传热面积和较高传热效率，其结构示意图如图 7-6（a）所示。传热流体由外管和中心管内通过，相变材料填充于外管和中心管之间，传热流体和相变材料的接触面积增大，传热系数增大。三管换热器技术还可以和其他技术结合达到最佳优化效果，比如 TTHX 与翅片技术、高导热材料添加技术相结合等，如图 7-6（b）、图 7-6（c）所示。

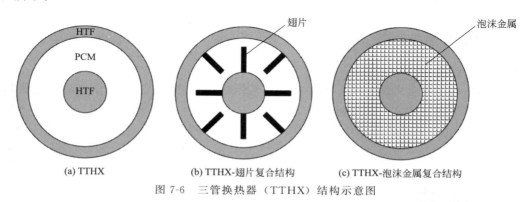

(a) TTHX          (b) TTHX-翅片复合结构          (c) TTHX-泡沫金属复合结构

图 7-6　三管换热器（TTHX）结构示意图

# 7.3　相变储热换热器设计基础

相变储热换热器是相变储热供热系统的核心部件，它包括储热元件和保温结构。最常见的相变储热换热器是利用管壳式换热器的结构，壳程填充储热介质，管程作为换热流体通道。在本节主要介绍储热元件和保温结构的设计。

## 7.3.1　储热元件设计

（1）储热元件储热容量设计

储热元件的储热量计算式为

$$E_s = \frac{Qt}{\eta_t} \tag{7-1}$$

式中　$E_s$——储热元件储热量，kW·h；

　　　　$Q$——供热功率，kW；

　　　　$t$——储热时间，h；

　　　　$\eta_t$——系统热效率。

储热元件里填充的储热介质质量的计算式为

$$M_E = \frac{E_s}{c_{ps}T_m - T_i + r + c_{pl}T_e - T_m} \tag{7-2}$$

式中　$M_E$——储热介质质量，kg；

　　　$c_{ps}$——固相比热容，kJ/(kg·℃)；

　　　$c_{pl}$——液相比热容，kJ/(kg·℃)；

　　　$T_i$——储热介质储热的初始温度，℃；

　　　$T_m$——储热介质的相变温度，℃；

　　　$T_e$——储热介质储热的最终温度，℃；

　　　$r$——储热介质的相变潜热，kJ。

从式（7-2）可以看出储热介质质量和储热介质的比热容、相变潜热、相变温度以及储热的初始温度和最终温度有关。储热介质质量决定了储热元件的体积和尺寸。

（2）储热元件换热面积计算

管壳式相变储热换热器中，换热管通常按正方形排列。在储热过程中，相变介质储存的热量首先以潜热的形式释放给换热管内的空气，相变储热换热器中空气的换热过程简化成图7-7所示，两个管子之间中心位置处温度为 $T_m$，管子半径为 $R$。忽略流程对换热的影响，进、出口换热温差为

$$\Delta t' = T_m - T_{fi} \tag{7-3}$$

$$\Delta t'' = T_m - T_{fo} \tag{7-4}$$

式中　$T_{fi}$——相变储热换热器空气入口温度，℃；

　　　$T_{fo}$——相变储热换热器空气出口温度，℃。

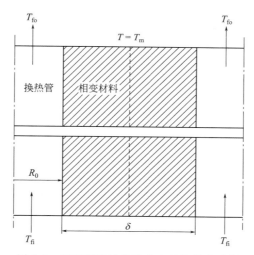

图 7-7　相变储热换热器中空气的换热过程

对数平均温差为

$$\Delta T = \frac{\Delta t'' - \Delta t'}{\ln\left(\dfrac{\Delta t''}{\Delta t'}\right)} \tag{7-5}$$

在换热过程中，热空气带走的热量为

$$Q_a = KF\Delta T_m \tag{7-6}$$

$$K = \frac{1}{\dfrac{1}{h} + \dfrac{\delta/2}{k_s}} \tag{7-7}$$

式中　$K$——总传热系数，$kW/(m^2 \cdot ℃)$；

　　　$F$——总换热面积，$m^2$；

　　　$h$——换热管内空气的换热系数，$kW/(m^2 \cdot ℃)$；

　　　$\delta$——换热关键相变材料厚度，$m$；

　　　$k_s$——相变材料固相热导率，$kW/(m \cdot ℃)$。

热空气带走的热量应等于供热功率 $Q$，通过式（7-6）可求得储热元件的总换热面积。由于空气输送管道存在热损失，为保证换热效果，换热面积一般取 $1.1F \sim 1.2F$。

## 7.3.2　保温结构设计

为保证相变储热换热器的热效率，保温结构需要进行合理设计。保温结构的设计包括保温材料的选取和保温材料厚度的计算。保温材料一般选择传热系数较低、比热容较低，同时可承受一定温度的材料。在高温相变储能换热器中，保温结构内部温度较高，外部温度较低，需设计为多层结构。

保温结构的散热热流计算公式为

$$q = \frac{T_{wi} - T_{wo}}{\dfrac{\delta_{wi}}{k_{wi}} + \cdots + \dfrac{\delta_{wo}}{k_{wo}}} \tag{7-8}$$

$$q = (T_{wo} - T_a)h_a \tag{7-9}$$

式中　$T_{wi}$——保温结构内侧温度，$℃$；

　　　$T_{wo}$——保温结构外侧温度，$℃$；

　　　$\delta_{wi}$——内侧保温材料厚度，$m$；

　　　$\delta_{wo}$——外侧保温材料厚度，$m$；

　　　$k_{wi}$——内侧保温材料传热系数，$kW/(m \cdot ℃)$；

　　　$k_{wo}$——外侧保温材料传热系数，$kW/(m \cdot ℃)$；

　　　$T_a$——环境温度，$℃$；

　　　$h_a$——空气自然对流换热系数，$kW/(m^2 \cdot ℃)$。

保温材料的厚度可通过式（7-8）和式（7-9）得出。保温材料内侧与储热元件紧密接触，可认为保温材料内侧温度等于储热元件外壁温度。由于储热元件在储放热过程中有较长时间处于相变过程，计算时可将 $T_{wi}$ 取为相变温度。$T_{wo}$ 取值不高于环境温度 $10℃$，这是因为保温结构外侧温度与环境温度差别越小，散热损失越小。

# 7.4　相变储热应用

近年来，相变储热技术的基础理论和应用技术研究迅速崛起，发展势头良好。相变储热技术由于具有温度调控、相变循环稳定、节能环保等特点，被广泛应用于太阳能存储、绿色节能建筑、冷藏运输、服装纺织品、航天、工业生产等领域。在本节中主要介绍相变储热在太阳能海水淡化、太阳能热发电和绿色节能建筑方面的应用情况。

## 7.4.1　太阳能海水淡化中的应用

太阳能蒸馏法海水淡化技术是太阳能海水淡化中常见的一种方法，在太阳能蒸馏法海水淡化系统中装置热利用率低，特别是水蒸气的冷凝潜热未被充分利用。相变储热技术具有储热密度高、运行温度稳定等优点，是解决太阳能、工业余热等热能储存和利用问题的有效手段。在大多数太阳能海水淡化技术中，水蒸气在冷凝过程中释放的冷凝潜热没有做到有效回收利用，采用相变储热技术可以将这部分冷凝潜热吸收，在夜间重新释放回海水池中，延长装置工作时间，增加淡水产量。

图 7-8 是一种加相变材料的单效太阳能蒸馏器海水淡化系统的示意图，主要包括太阳能集热器、太阳能蒸馏器、相变材料管束、淡水收集槽、双层玻璃盖板、泵和换热器等部件。太阳能蒸馏器海水淡化系统中可加入的相变材料包括五水硫代硫酸钠、三水醋酸钠和石蜡。

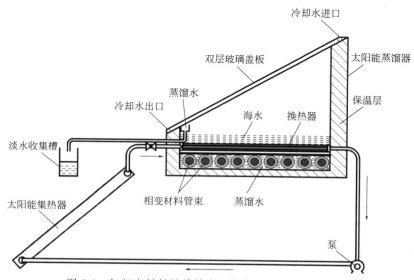

图 7-8　加相变材料的单效太阳能蒸馏器海水淡化系统

在该复合系统中，太阳能蒸馏器起蒸发与冷凝的作用，海水受热蒸发之后在双层玻璃盖板上凝结产生淡水。太阳能集热器进一步提高了太阳能蒸馏器内海水的温度，进一步提高系统效率。相变材料吸收水蒸气在冷凝过程中释放的冷凝潜热，夜间时将储存的热量释放到海水池中，延长装置工作时间，提高系统效率。研究表明，40％的系统产量是在日落后产生的。

## 7.4.2　太阳能热发电中的应用

太阳能热发电技术主要包括槽式、塔式和盘式发电站三种，主要区别在于聚光结构不同，其中塔式发电站在大规模电厂发电领域更有潜力。太阳能热发电属于太阳能高温储热应用，高温熔盐储热罐是太阳能热电站不可或缺的设备，可充分利用晴天的太阳热量，提高光热利用的效率及稳定性。随着太阳能热发电电站系统，尤其是塔式电站系统的优势越发显现，对于熔盐工作温度的提升也越来越受到重视。

太阳能热发电系统所需的熔融盐应具有以下性质：熔点较低，沸点较高；热稳定性较好，分解温度高；相变潜热较高；黏度较低，不容易堵塞管路。常用的熔融盐包括碳酸盐、氯化盐、硝酸盐和氟化物，其主要特点如下。

① 碳酸盐：价格低廉，原料易获取，腐蚀性小；不同比例碳酸盐配制得到的共晶混合物的熔点不同。但熔点较高，黏度大，热导率低，容易产生局部过热。

② 氯化盐：价格低廉，原料易获取，相变潜热大，工作温度范围宽，储热密度较大。但有些氯化盐腐蚀性较强，会损害金属管路。

③ 硝酸盐：熔点较低、价格低廉、腐蚀性小；工作温度相对较低，是槽式系统最适宜的熔盐，是应用最广泛的太阳能热发电传蓄热工质。但在高温条件下，使用范围受到限制。

④ 氟化物：熔点较高，相变潜热高，与金属容器材料的相容性好。但液-固相转化时体积变化剧烈，导热性能较差，容易出现热斑和热松脱现象。

硝酸盐适用于温度较低的太阳能热发电系统，但在高温系统中有些力不从心；氯化物和碳酸盐是未来熔融盐发展的趋势；随着太阳能热发电技术的不断发展，还出现了一些高性能的混合熔融盐。

图 7-9 是直接蒸汽型（Direct Steam Generation，DSG）太阳能塔式电站示意图。冷盐罐流出的低温熔融盐经过熔盐泵加压，送至太阳能集热塔吸热器吸热提高温度；高温熔融盐全部流入热盐罐进行储热后，进入蒸汽发生器加热给水产生蒸汽，释放热量；温度降低后流回冷盐罐，进行下一次循环。

该系统采用熔融盐储热，其配置为双罐式结构。在太阳能辐射强度过大时储存太阳能热量，在太阳能辐射强度不足时释放热量。这在一定程度上消除了太阳能的波动性及不稳定性，保持输出电能稳定，同时可利用更多的太阳能，使系统更加节能高效。目前国内外均投运了大规模光热示范电站，这在一定程度上可大幅度缓解能源紧张、降低污染物的排放，促进可再生能源的可持续良性发展。

## 7.4.3　绿色节能建筑中的应用

从 20 世纪 80 年代起，相变材料就因其节能、环保的优点开始被应用到节能建筑领域。将相变材料掺入普通建筑材料中，可以制备出具有高比热容的轻质建筑材料，称为相变储热建筑材料。一般使用相变温度接近人体舒适温度的相变材料用于民用建筑的储热。相变材料在节能建筑领域内的主要应用包括相变储热墙体、相变储热地板和相变储热表面涂料。

（1）相变储热墙体

相变储热材料在建筑墙体上的应用，主要包括相变储热材料掺入混凝土墙板和相变储热材料掺入石膏板。相变储热混凝土墙体是以混凝土材料为基体的复合相变调温型墙体，有利于室内温度的稳定，提高舒适度。图 7-10 是相变储热混凝土墙体的结构示意图，将相变材料掺入混凝土中，会增加混凝土墙体的热惰性，这种复合材料内部温度变化不大，从而使室内温度变化平缓。可以掺杂在混凝土中的相变材料包括：石蜡、丁基硬脂酸、十二醇和十四酰等，它们最多可使混凝土的储热能力提高 300% 以上。

石膏是一种常见的建筑材料，相变储热材料和石膏建材复合可制成相变储热建筑构件，使建筑围护结构具备调温特性和调湿特性。这种材料在白天吸收太阳的辐射或在晚上利用低价电蓄热储能，降低电力供给的负荷峰谷差以及建筑的采暖或制冷负荷，节约采暖空调能耗。这种复合材料还可以有效增加建筑围护结构的热惯性，提高室内环境的舒适度。可以与石膏建材复合的相变材料包括：乙酸酯棕榈酸、山羊酸、十二烷酸、短环酸、乙酸酯、乙酸硬酸盐混合物和十水硫酸钠等。

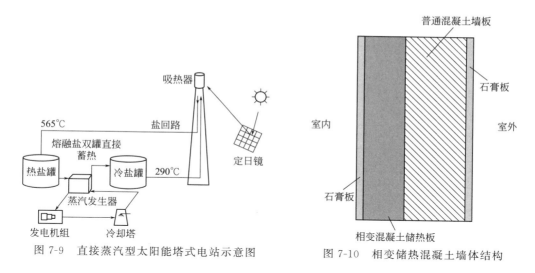

图 7-9　直接蒸汽型太阳能塔式电站示意图　　图 7-10　相变储热混凝土墙体结构

（2）相变储热地板

相变储热地板是一种全新的节能地板，主要用于冬天的采暖，具有健康、环保、结构简单等优点。研究表明，将相变温度为 29℃相变材料掺入混凝土中做成采暖地板，效果比较理想，可以获得让人感到舒适的温度。清华大学建成的超低能耗示范楼，就是将上述相变混凝土填充进地板里。在冬天白天温度高时，阳光会透过窗扇、玻璃幕墙，然后以辐射热能的形式储存在储能体中；在晚上，相变储热材料会进行相变，把白天储存的热能释放到室内，降低室内温度波动情况，地板表面温度最高可达到 24～26℃。研究表明，该相变储热地板可将建筑内部温度波动限制在 6℃以内。在相变储热地板的应用中，常使用的相变储热材料有六水氯化钙等。

（3）相变储热表面涂料

按照传热基本方式，涂料可分为辐射型、反射型和阻隔型，在节能建筑领域多选择反射型和阻隔型涂料。一般将相变微胶囊材料掺入普通涂料中用于室内墙体涂料，可以调节室内温度，缓解室内温度波动，使室内环境更加舒适。此外，还可以在里面加入相应的防腐涂料，提升其防腐性能。在涂料中加入相变储热微胶囊具备相对有效的控温效果，但因为制备过程复杂、价格高昂，限制了相变微胶囊涂料在节能建筑领域的应用。

# 附录

## 附录 1　我国主要城市各月的设计用气象参数

北京　　　　　　　　　　　　　　　　　　　　　　　　纬度 39°48′　经度 116°28′　海拔高度 31.3m

| 月份 | 1 | 2 | 3 | 4 | 5 | 6 | 7 | 8 | 9 | 10 | 11 | 12 |
|---|---|---|---|---|---|---|---|---|---|---|---|---|
| $T_a$ | −4.6 | −2.2 | 4.5 | 13.1 | 19.8 | 24 | 25.8 | 24.4 | 19.4 | 12.4 | 4.1 | −2.7 |
| $\bar{H}$ | 9.143 | 12.185 | 16.126 | 18.787 | 22.297 | 22.049 | 18.701 | 17.365 | 16.542 | 12.73 | 9.206 | 7.889 |
| $\bar{n}$ | 200.8 | 201.5 | 239.7 | 259.9 | 291.8 | 268.8 | 217.9 | 227.8 | 239.9 | 229.5 | 191.2 | 186.7 |

上海　　　　　　　　　　　　　　　　　　　　　　　　纬度 31°24′　经度 121°29′　海拔高度 6m

| 月份 | 1 | 2 | 3 | 4 | 5 | 6 | 7 | 8 | 9 | 10 | 11 | 12 |
|---|---|---|---|---|---|---|---|---|---|---|---|---|
| $T_a$ | 3.5 | 4.6 | 8.3 | 14 | 18.8 | 23.3 | 27.8 | 27.7 | 23.6 | 18 | 12.3 | 6.2 |
| $\bar{H}$ | 8.371 | 9.73 | 11.772 | 13.725 | 15.335 | 15.111 | 18.673 | 18.18 | 12.963 | 11.518 | 9.411 | 8.047 |
| $\bar{n}$ | 126.2 | 146.7 | 123.3 | 163.6 | 191.5 | 148.8 | 220.5 | 205.9 | 196.2 | 179.4 | 148.4 | 147 |

佳木斯　　　　　　　　　　　　　　　　　　　　　　　纬度 46°49′　经度 130°17′　海拔高度 81.2m

| 月份 | 1 | 2 | 3 | 4 | 5 | 6 | 7 | 8 | 9 | 10 | 11 | 12 |
|---|---|---|---|---|---|---|---|---|---|---|---|---|
| $T_a$ | −20 | −15.7 | −5.9 | 5 | 13.1 | 18.5 | 21.7 | 20.8 | 14 | 5.2 | −6.6 | −15.5 |
| $\bar{H}$ | 6.086 | 9.707 | 13.325 | 15.835 | 17.295 | 18.4 | 16.964 | 14.88 | 13.144 | 9.51 | 6.266 | 4.847 |
| $\bar{n}$ | 160 | 184.8 | 232.4 | 225.6 | 254.7 | 243.7 | 247.7 | 234.1 | 224.9 | 204 | 172 | 142.5 |

哈尔滨　　　　　　　　　　　　　　　　　　　　　　　纬度 45°45′　经度 126°46′　海拔高度 142.3m

| 月份 | 1 | 2 | 3 | 4 | 5 | 6 | 7 | 8 | 9 | 10 | 11 | 12 |
|---|---|---|---|---|---|---|---|---|---|---|---|---|
| $T_a$ | −19.8 | −15.4 | −4.8 | 6 | 14.3 | 20 | 22.8 | 21.1 | 14.4 | 5.6 | −5.7 | −15.6 |
| $\bar{H}$ | 6.221 | 9.501 | 13.464 | 16.452 | 18.405 | 19.86 | 17.806 | 16.303 | 14.147 | 10.099 | 6.668 | 5.162 |
| $\bar{n}$ | 163.3 | 187.9 | 240.4 | 240.8 | 274.1 | 269.7 | 262.7 | 256.1 | 239.3 | 215 | 177.2 | 146.4 |

长春　　　　　　　　　　　　　　　　　　　　　　　　纬度 43°54′　经度 125°13′　海拔高度 236.8m

| 月份 | 1 | 2 | 3 | 4 | 5 | 6 | 7 | 8 | 9 | 10 | 11 | 12 |
|---|---|---|---|---|---|---|---|---|---|---|---|---|
| $T_a$ | −16.4 | −12.7 | −3.5 | 6.7 | 15 | 20.1 | 23 | 21.3 | 15 | 6.8 | −3.8 | −12.8 |
| $\bar{H}$ | 7.558 | 10.911 | 14.762 | 17.265 | 19.527 | 19.855 | 17.032 | 15.936 | 15.202 | 11.004 | 7.623 | 6.112 |
| $\bar{n}$ | 195.5 | 202.5 | 247.8 | 249.8 | 270.3 | 256.1 | 227.6 | 242.9 | 243.1 | 222.1 | 180.9 | 170.6 |

沈阳　　　　　　　　　　　　　　　　　　　　　　　　纬度 41°44′　经度 123°27′　海拔高度 44.7m

| 月份 | 1 | 2 | 3 | 4 | 5 | 6 | 7 | 8 | 9 | 10 | 11 | 12 |
|---|---|---|---|---|---|---|---|---|---|---|---|---|
| $T_a$ | −12 | −8.4 | 0.1 | 9.3 | 16.9 | 21.5 | 24.6 | 23.5 | 17.2 | 9.4 | 0 | −8.5 |
| $\bar{H}$ | 7.087 | 10.795 | 14.858 | 17.942 | 20.494 | 19.575 | 17.178 | 16.383 | 15.636 | 11.544 | 7.735 | 6.186 |
| $\bar{n}$ | 168.6 | 185.9 | 229.5 | 244.5 | 264.9 | 246.9 | 214 | 226.2 | 236.3 | 219.7 | 166.8 | 151.7 |

续表

太原 纬度 37°47′ 经度 112°33′ 海拔高度 778.3m

| 月份 | 1 | 2 | 3 | 4 | 5 | 6 | 7 | 8 | 9 | 10 | 11 | 12 |
|---|---|---|---|---|---|---|---|---|---|---|---|---|
| $T_a$ | −6.6 | −3.1 | 3.7 | 11.4 | 17.7 | 21.7 | 23.5 | 21.8 | 16.1 | 9.9 | 2.1 | −4.9 |
| $\bar{H}$ | 9.367 | 11.943 | 15.418 | 17.871 | 21.698 | 22.146 | 18.992 | 17.743 | 15.017 | 12.611 | 9.532 | 8.234 |
| $\bar{n}$ | 179.8 | 179.8 | 209 | 237.6 | 274 | 259.4 | 236.6 | 231.5 | 216.7 | 213.8 | 180.9 | 168.6 |

西安 纬度 34°18′ 经度 108°56′ 海拔高度 397.5m

| 月份 | 1 | 2 | 3 | 4 | 5 | 6 | 7 | 8 | 9 | 10 | 11 | 12 |
|---|---|---|---|---|---|---|---|---|---|---|---|---|
| $T_a$ | −1 | 2.1 | 8.1 | 14.1 | 19.1 | 25.2 | 26.6 | 25.5 | 19.4 | 13.7 | 6.6 | 0.7 |
| $\bar{H}$ | 7.884 | 9.513 | 11.796 | 14.359 | 16.756 | 19.363 | 18.232 | 18.213 | 11.816 | 9.822 | 8.075 | 7.214 |
| $\bar{n}$ | 105.3 | 107.5 | 125.5 | 153.8 | 178.1 | 192 | 198.7 | 202.3 | 132 | 115.7 | 102.8 | 97.4 |

天津 纬度 39°05′ 经度 117°04′ 海拔高度 2.5m

| 月份 | 1 | 2 | 3 | 4 | 5 | 6 | 7 | 8 | 9 | 10 | 11 | 12 |
|---|---|---|---|---|---|---|---|---|---|---|---|---|
| $T_a$ | −4 | −1.6 | 5 | 13.2 | 20 | 24.1 | 26.4 | 25.5 | 20.8 | 13.6 | 5.2 | −1.6 |
| $\bar{H}$ | 8.269 | 11.242 | 15.361 | 17.715 | 21.57 | 21.283 | 17.494 | 16.806 | 15.472 | 12.03 | 8.5 | 7.328 |
| $\bar{n}$ | 184.8 | 183.3 | 213 | 238.3 | 275.3 | 260.2 | 225.3 | 231.1 | 231.3 | 218.7 | 179.2 | 172.2 |

郑州 纬度 34°43′ 经度 113°39′ 海拔高度 110.4m

| 月份 | 1 | 2 | 3 | 4 | 5 | 6 | 7 | 8 | 9 | 10 | 11 | 12 |
|---|---|---|---|---|---|---|---|---|---|---|---|---|
| $T_a$ | −0.3 | 2.2 | 7.8 | 14.9 | 21 | 26.2 | 27.3 | 25.8 | 20.9 | 15.1 | 7.8 | 1.7 |
| $\bar{H}$ | 8.679 | 10.531 | 13.125 | 15.144 | 18.694 | 19.604 | 16.874 | 16.1 | 13.168 | 11.297 | 8.82 | 7.781 |
| $\bar{n}$ | 149.8 | 143.7 | 170.2 | 209.5 | 241.1 | 236.7 | 206.8 | 206.6 | 184.9 | 188.3 | 163.9 | 153.9 |

济南 纬度 36°41′ 经度 116°59′ 海拔高度 51.6m

| 月份 | 1 | 2 | 3 | 4 | 5 | 6 | 7 | 8 | 9 | 10 | 11 | 12 |
|---|---|---|---|---|---|---|---|---|---|---|---|---|
| $T_a$ | −1.4 | 1.1 | 7.6 | 15.2 | 21.8 | 26.3 | 27.4 | 26.2 | 21.7 | 15.8 | 7.9 | 1.1 |
| $\bar{H}$ | 8.376 | 10.93 | 14.423 | 16.679 | 20.77 | 21.055 | 16.776 | 15.663 | 14.884 | 12.093 | 9.089 | 7.657 |
| $\bar{n}$ | 175 | 177.3 | 217.7 | 248.8 | 280.3 | 263.1 | 216.9 | 224.3 | 224.4 | 216.4 | 181.2 | 171.9 |

合肥 纬度 31°52′ 经度 17°14′ 海拔高度 27.9m

| 月份 | 1 | 2 | 3 | 4 | 5 | 6 | 7 | 8 | 9 | 10 | 11 | 12 |
|---|---|---|---|---|---|---|---|---|---|---|---|---|
| $T_a$ | 2.1 | 4.2 | 9.2 | 15.5 | 20.6 | 25 | 28.3 | 28 | 22.9 | 17 | 10.6 | 4.5 |
| $\bar{H}$ | 8.107 | 9.322 | 11.624 | 13.423 | 15.965 | 17.348 | 17.18 | 16.637 | 12.492 | 11.45 | 8.944 | 7.565 |
| $\bar{n}$ | 126 | 119.4 | 132.7 | 168.9 | 194.6 | 177.2 | 204 | 210.3 | 163.4 | 167.5 | 158.3 | 149 |

杭州 纬度 30°14′ 经度 120°10′ 海拔高度 41.7m

| 月份 | 1 | 2 | 3 | 4 | 5 | 6 | 7 | 8 | 9 | 10 | 11 | 12 |
|---|---|---|---|---|---|---|---|---|---|---|---|---|
| $T_a$ | 4.3 | 5.6 | 9.5 | 15.8 | 20.7 | 24.3 | 28.4 | 27.9 | 23.4 | 18.3 | 12.4 | 6.8 |
| $\bar{H}$ | 6.813 | 7.753 | 9.021 | 12.542 | 14.468 | 13.218 | 17.405 | 16.463 | 12.013 | 10.276 | 8.388 | 7.303 |
| $\bar{n}$ | 112.2 | 103.3 | 114.1 | 145.8 | 168.9 | 146.6 | 222.2 | 215.3 | 151.9 | 153.9 | 143.2 | 142.5 |

续表

| 南京 | | | | | | | | 纬度 32°00′ | 经度 118°48′ | 海拔高度 8.9m | | |
|---|---|---|---|---|---|---|---|---|---|---|---|---|
| 月份 | 1 | 2 | 3 | 4 | 5 | 6 | 7 | 8 | 9 | 10 | 11 | 12 |
| $T_a$ | 2 | 3.8 | 8.4 | 14.8 | 19.9 | 24.5 | 28 | 27.8 | 22.7 | 16.9 | 10.5 | 4.4 |
| $\bar{H}$ | 8.406 | 9.97 | 12.339 | 14.271 | 16.359 | 16.863 | 17.652 | 17.85 | 13.381 | 12.171 | 9.515 | 8.163 |
| $\bar{n}$ | 133.5 | 127.4 | 140.8 | 174 | 200.5 | 177.6 | 212.2 | 221.5 | 172.9 | 174.9 | 158.8 | 155.2 |

| 武汉 | | | | | | | | 纬度 30°37′ | 经度 114°08′ | 海拔高度 23.1m | | |
|---|---|---|---|---|---|---|---|---|---|---|---|---|
| 月份 | 1 | 2 | 3 | 4 | 5 | 6 | 7 | 8 | 9 | 10 | 11 | 12 |
| $T_a$ | 3.7 | 5.8 | 10.1 | 16.8 | 21.9 | 25.6 | 28.7 | 28.2 | 23.4 | 17.7 | 11.4 | 6 |
| $\bar{H}$ | 6.524 | 7.808 | 8.83 | 12.407 | 14.098 | 14.756 | 17.308 | 16.96 | 13.294 | 10.248 | 8.333 | 7.022 |
| $\bar{n}$ | 110 | 105.8 | 119.2 | 156 | 187.3 | 185.3 | 239.6 | 248.7 | 182.4 | 166.3 | 148.9 | 140.7 |

| 长沙 | | | | | | | | 纬度 28°12′ | 经度 113°05′ | 海拔高度 44.9m | | |
|---|---|---|---|---|---|---|---|---|---|---|---|---|
| 月份 | 1 | 2 | 3 | 4 | 5 | 6 | 7 | 8 | 9 | 10 | 11 | 12 |
| $T_a$ | 4.6 | 6.1 | 10.7 | 17 | 21.8 | 25.6 | 29 | 28.5 | 23.7 | 18.2 | 12.4 | 6.7 |
| $\bar{H}$ | 5.397 | 6.23 | 7.135 | 10.184 | 13.065 | 14.443 | 18.613 | 17.344 | 13.407 | 10.086 | 8.014 | 6.811 |
| $\bar{n}$ | 81.6 | 64.6 | 73.7 | 96.2 | 136.2 | 150.5 | 252.9 | 239.4 | 165.1 | 142 | 120.2 | 113.6 |

| 南昌 | | | | | | | | 纬度 28°36′ | 经度 115°55′ | 海拔高度 46.7m | | |
|---|---|---|---|---|---|---|---|---|---|---|---|---|
| 月份 | 1 | 2 | 3 | 4 | 5 | 6 | 7 | 8 | 9 | 10 | 11 | 12 |
| $T_a$ | 5.3 | 6.9 | 10.9 | 17.3 | 22.3 | 25.7 | 29.2 | 28.8 | 24.6 | 19.4 | 13.3 | 7.8 |
| $\bar{H}$ | 6.34 | 7.341 | 8.141 | 10.972 | 13.721 | 14.456 | 18.924 | 18.082 | 14.559 | 11.909 | 9.291 | 8.027 |
| $\bar{n}$ | 96.2 | 87.5 | 89.1 | 119.2 | 156.2 | 164.8 | 256.8 | 251.1 | 191.9 | 172.8 | 152.6 | 147 |

| 宜昌 | | | | | | | | 纬度 30°42′ | 经度 111°18′ | 海拔高度 133.1m | | |
|---|---|---|---|---|---|---|---|---|---|---|---|---|
| 月份 | 1 | 2 | 3 | 4 | 5 | 6 | 7 | 8 | 9 | 10 | 11 | 12 |
| $T_a$ | 4.7 | 6.4 | 11 | 16.8 | 21.3 | 25.6 | 28.2 | 27.7 | 23.3 | 18.1 | 12.3 | 6.7 |
| $\bar{H}$ | 6.656 | 7.934 | 9.462 | 11.713 | 13.45 | 16.029 | 17.663 | 16.978 | 12.245 | 10.064 | 7.651 | 6.167 |
| $\bar{n}$ | 79.7 | 81.2 | 99.6 | 137.3 | 158.7 | 157.7 | 192.1 | 207.7 | 148.1 | 136.6 | 117.2 | 100.6 |

| 赣州 | | | | | | | | 纬度 25°51′ | 经度 114°57′ | 海拔高度 123.8m | | |
|---|---|---|---|---|---|---|---|---|---|---|---|---|
| 月份 | 1 | 2 | 3 | 4 | 5 | 6 | 7 | 8 | 9 | 10 | 11 | 12 |
| $T_a$ | 8.1 | 9.8 | 13.6 | 19.6 | 23.8 | 27.1 | 29.3 | 28.8 | 25.8 | 21.2 | 15.4 | 10.3 |
| $\bar{H}$ | 6.923 | 7.347 | 7.84 | 10.86 | 13.759 | 16.119 | 19.741 | 18.398 | 15.139 | 12.496 | 10.08 | 8.807 |
| $\bar{n}$ | 89.7 | 75.3 | 74.3 | 103.4 | 141.9 | 178.2 | 269.1 | 242.4 | 186.8 | 169.5 | 150.8 | 145.5 |

| 成都 | | | | | | | | 纬度 30°40′ | 经度 104°01′ | 海拔高度 506.1m | | |
|---|---|---|---|---|---|---|---|---|---|---|---|---|
| 月份 | 1 | 2 | 3 | 4 | 5 | 6 | 7 | 8 | 9 | 10 | 11 | 12 |
| $T_a$ | 5.5 | 7.5 | 12.1 | 17 | 20.9 | 23.7 | 25.6 | 25.1 | 21.2 | 16.8 | 11.9 | 7.3 |
| $\bar{H}$ | 5.911 | 7.191 | 10.326 | 12.505 | 14.034 | 14.916 | 15.506 | 14.789 | 10.112 | 7.534 | 6.227 | 5.419 |
| $\bar{n}$ | 55.3 | 53.1 | 85.8 | 117.7 | 125.5 | 120.8 | 136.5 | 160.3 | 80 | 61.3 | 59.1 | 53.7 |

重庆　　　　　　　　　　　　　　　　　纬度29°31′　经度106°29′　海拔高度351.1m

| 月份 | 1 | 2 | 3 | 4 | 5 | 6 | 7 | 8 | 9 | 10 | 11 | 12 |
|---|---|---|---|---|---|---|---|---|---|---|---|---|
| $T_a$ | 7.8 | 9.5 | 13.6 | 18.4 | 22.3 | 25.1 | 28.1 | 28.4 | 23.6 | 18.6 | 14 | 9.3 |
| $\bar{H}$ | 3.505 | 4.848 | 7.677 | 10.441 | 11.492 | 11.847 | 15.447 | 15.655 | 9.576 | 6.107 | 4.404 | 3.21 |
| $\bar{n}$ | 24.6 | 34.3 | 76.8 | 105.1 | 112.8 | 109.9 | 190 | 213.4 | 94.9 | 70.5 | 42.7 | 26.6 |

贵阳　　　　　　　　　　　　　　　　　纬度26°35′　经度106°43′　海拔高度1074.3m

| 月份 | 1 | 2 | 3 | 4 | 5 | 6 | 7 | 8 | 9 | 10 | 11 | 12 |
|---|---|---|---|---|---|---|---|---|---|---|---|---|
| $T_a$ | 5.1 | 6.6 | 11 | 16.1 | 19.6 | 22.2 | 23.9 | 23.6 | 20.6 | 16.3 | 11.8 | 7.4 |
| $\bar{H}$ | 4.752 | 6.213 | 9.246 | 11.217 | 12.004 | 11.971 | 14.453 | 14.648 | 11.462 | 8.425 | 6.699 | 5.514 |
| $\bar{n}$ | 42.8 | 47.6 | 84.5 | 106.1 | 114.3 | 108.2 | 160.1 | 171 | 123.4 | 94.1 | 73.2 | 64.6 |

桂林　　　　　　　　　　　　　　　　　纬度25°19′　经度110°18′　海拔高度164.4m

| 月份 | 1 | 2 | 3 | 4 | 5 | 6 | 7 | 8 | 9 | 10 | 11 | 12 |
|---|---|---|---|---|---|---|---|---|---|---|---|---|
| $T_a$ | 7.9 | 9.3 | 12.9 | 18.7 | 23 | 26.3 | 28 | 27.9 | 25.3 | 20.7 | 15.4 | 10.5 |
| $\bar{H}$ | 6.06 | 6.147 | 6.711 | 8.663 | 11.649 | 12.736 | 16.285 | 16.515 | 15.809 | 12.306 | 9.832 | 8.05 |
| $\bar{n}$ | 68.9 | 51.6 | 53.5 | 75.1 | 113.1 | 135.3 | 205.5 | 210.9 | 199.6 | 162.1 | 138.6 | 120.8 |

广州　　　　　　　　　　　　　　　　　纬度23°10′　经度113°20′　海拔高度41.7m

| 月份 | 1 | 2 | 3 | 4 | 5 | 6 | 7 | 8 | 9 | 10 | 11 | 12 |
|---|---|---|---|---|---|---|---|---|---|---|---|---|
| $T_a$ | 13.6 | 14.5 | 17.9 | 22.1 | 25.5 | 27.6 | 28.6 | 28.4 | 27.1 | 24.2 | 19.6 | 15.3 |
| $\bar{H}$ | 8.857 | 7.611 | 7.393 | 8.712 | 11.16 | 12.841 | 14.931 | 13.895 | 13.794 | 13.113 | 11.796 | 10.528 |
| $\bar{n}$ | 122.3 | 73.9 | 64.5 | 67.6 | 108.4 | 145.6 | 209.4 | 180.3 | 176.6 | 188.3 | 178.8 | 171.7 |

南宁　　　　　　　　　　　　　　　　　纬度22°49′　经度108°21′　海拔高度73.1m

| 月份 | 1 | 2 | 3 | 4 | 5 | 6 | 7 | 8 | 9 | 10 | 11 | 12 |
|---|---|---|---|---|---|---|---|---|---|---|---|---|
| $T_a$ | 12.8 | 14.1 | 17.6 | 22.5 | 25.9 | 27.9 | 28.4 | 28.2 | 26.9 | 23.5 | 18.9 | 14.9 |
| $\bar{H}$ | 6.882 | 7.217 | 8.166 | 11.289 | 14.925 | 16.026 | 17.02 | 16.752 | 16.551 | 13.634 | 11.208 | 9.368 |
| $\bar{n}$ | 72 | 58.5 | 63.9 | 94.6 | 149.6 | 167 | 203.7 | 192.7 | 191.9 | 169.3 | 149 | 127.9 |

福州　　　　　　　　　　　　　　　　　纬度26°05′　经度119°17′　海拔高度84.0m

| 月份 | 1 | 2 | 3 | 4 | 5 | 6 | 7 | 8 | 9 | 10 | 11 | 12 |
|---|---|---|---|---|---|---|---|---|---|---|---|---|
| $T_a$ | 10.9 | 11 | 13.5 | 18.2 | 22.2 | 26 | 28.9 | 28.4 | 25.9 | 22.1 | 17.7 | 13.2 |
| $\bar{H}$ | 7.504 | 7.869 | 9.02 | 11.953 | 12.837 | 14.907 | 18.683 | 16.61 | 13.736 | 11.537 | 9.219 | 8.324 |
| $\bar{n}$ | 105.3 | 82.3 | 92.2 | 115 | 119.3 | 147.1 | 232.9 | 206.1 | 160 | 149.7 | 124.3 | 131.3 |

昆明　　　　　　　　　　　　　　　　　纬度25°01′　经度102°41′　海拔高度1892.4m

| 月份 | 1 | 2 | 3 | 4 | 5 | 6 | 7 | 8 | 9 | 10 | 11 | 12 |
|---|---|---|---|---|---|---|---|---|---|---|---|---|
| $T_a$ | 8.1 | 9.9 | 13.2 | 16.6 | 19 | 19.9 | 19.8 | 19.4 | 17.8 | 15.4 | 11.6 | 8.2 |
| $\bar{H}$ | 13.322 | 15.928 | 18.368 | 19.423 | 17.655 | 14.565 | 13.571 | 14.681 | 12.95 | 11.638 | 11.59 | 11.884 |
| $\bar{n}$ | 231.5 | 227.2 | 264 | 252.8 | 219.6 | 140.2 | 128.4 | 149.5 | 127.8 | 149 | 175.7 | 206.6 |

续表

| 银川 | | | | | | | | 纬度 38°29′ | | 经度 106°13′ | | 海拔高度 1111.4m |
|---|---|---|---|---|---|---|---|---|---|---|---|---|
| 月份 | 1 | 2 | 3 | 4 | 5 | 6 | 7 | 8 | 9 | 10 | 11 | 12 |
| $T_a$ | −9 | −4.8 | 2.8 | 10.6 | 16.9 | 21.4 | 23.4 | 21.6 | 16 | 9.1 | 0.9 | −6.7 |
| $\overline{H}$ | 10.066 | 13.343 | 16.229 | 19.727 | 22.447 | 24.043 | 21.695 | 20.371 | 16.874 | 13.782 | 10.818 | 9.095 |
| $\overline{n}$ | 213.6 | 208.6 | 240.9 | 264.7 | 297.5 | 295.4 | 291.7 | 276.8 | 249 | 240.3 | 222.2 | 210.7 |

| 兰州 | | | | | | | | 纬度 36°03′ | | 经度 103°53′ | | 海拔高度 1517.2m |
|---|---|---|---|---|---|---|---|---|---|---|---|---|
| 月份 | 1 | 2 | 3 | 4 | 5 | 6 | 7 | 8 | 9 | 10 | 11 | 12 |
| $T_a$ | −6.9 | −2.3 | 5.2 | 11.8 | 16.6 | 20.3 | 22.2 | 21 | 15.8 | 9.4 | 1.7 | −5.5 |
| $\overline{H}$ | 8.178 | 11.655 | 14.831 | 18.563 | 21.208 | 22.389 | 20.406 | 18.994 | 14.378 | 12.282 | 9.214 | 7.326 |
| $\overline{n}$ | 162.2 | 185.5 | 202 | 232 | 253.8 | 242.3 | 252.8 | 248.9 | 197.7 | 192.6 | 180.8 | 157.7 |

| 乌鲁木齐 | | | | | | | | 纬度 43°47′ | | 经度 87°37′ | | 海拔高度 917.9m |
|---|---|---|---|---|---|---|---|---|---|---|---|---|
| 月份 | 1 | 2 | 3 | 4 | 5 | 6 | 7 | 8 | 9 | 10 | 11 | 12 |
| $T_a$ | −12.6 | −9.7 | −1.7 | 9.9 | 16.7 | 21.5 | 23.7 | 22.4 | 16.7 | 7.7 | −2.5 | −9.3 |
| $\overline{H}$ | 5.315 | 7.984 | 11.929 | 17.666 | 21.371 | 22.496 | 22.038 | 20.262 | 16.206 | 11.062 | 6.104 | 4.174 |
| $\overline{n}$ | 116.9 | 141.5 | 194.5 | 256.5 | 295.1 | 292.7 | 311.6 | 309.7 | 271.5 | 236.1 | 140.5 | 95.5 |

| 拉萨 | | | | | | | | 纬度 29°40′ | | 经度 91°08′ | | 海拔高度 3648.7m |
|---|---|---|---|---|---|---|---|---|---|---|---|---|
| 月份 | 1 | 2 | 3 | 4 | 5 | 6 | 7 | 8 | 9 | 10 | 11 | 12 |
| $T_a$ | −2.2 | 1 | 4.4 | 8.3 | 12.3 | 15.3 | 15.1 | 14.3 | 12.7 | 8.3 | 2.3 | −1.7 |
| $\overline{H}$ | 15.556 | 18.809 | 21.328 | 23.137 | 26.188 | 26.623 | 24.628 | 22.695 | 21.285 | 20.713 | 17.803 | 15.725 |

| 拉萨 | | | | | | | | 纬度 29°40′ | | 经度 91°08′ | | 海拔高度 3648.7m |
|---|---|---|---|---|---|---|---|---|---|---|---|---|
| $\overline{n}$ | 262.4 | 237.5 | 258.4 | 261.8 | 289.9 | 269.3 | 237.8 | 229.1 | 240 | 294.3 | 279.4 | 270.5 |

注：1. $T_a$—月平均室外温度，℃。

2. $\overline{H}$—地表水平面上月平均日的太阳辐照量，MJ/m²。

3. $\overline{n}$—月平均日照时数，h。

### 附录 2　部分城市集热器最佳安装倾角

| 地区<br>使用时间 | $\gamma/(°)$ | 西安<br>($\phi=34.3°$) | | 上海<br>($\phi=31.17°$) | | 银川<br>($\phi=38.48°$) | | 北京<br>($\phi=39.8°$) | |
|---|---|---|---|---|---|---|---|---|---|
| | | $\beta_{opt}/$<br>(°) | $H_T/$<br>(MJ/m²) | $\beta_{opt}/$<br>(°) | $H_T/$<br>(MJ/m²) | $\beta_{opt}/$<br>(°) | $H_T/$<br>(MJ/m²) | $\beta_{opt}/$<br>(°) | $H_T/$<br>(MJ/m²) |
| 春分到秋分 | 0 | 8 | 3088.36 | 6 | 2929.57 | 13 | 3809.52 | 16 | 3635.86 |
| | ±15 | 6 | 3085.5 | 4 | 2927.67 | 10.5 | 3797 | 12 | 3621.31 |
| | ±20 | 6 | 3083.7 | 4 | 2926.89 | 9.5 | 3790.28 | 11 | 3613.46 |
| 秋分到第<br>二年春分 | 0 | 50 | 2107.53 | 48 | 2353.15 | 64.5 | 3555.67 | 63.5 | 3300.5 |
| | ±15 | 48 | 2077.06 | 47 | 2315.45 | 62 | 3473.17 | 61 | 3222.5 |
| | ±20 | 46 | 2049.82 | 46 | 2281.62 | 60.5 | 3396.94 | 60 | 3151.1 |

续表

| 地区<br>使用时间 | $\gamma/(°)$ | 西安<br>$(\phi=34.3°)$ | | 上海<br>$(\phi=31.17°)$ | | 银川<br>$(\phi=38.48°)$ | | 北京<br>$(\phi=39.8°)$ | |
|---|---|---|---|---|---|---|---|---|---|
| | | $\beta_{opt}/$<br>$(°)$ | $H_T/$<br>$(MJ/m^2)$ | $\beta_{opt}/$<br>$(°)$ | $H_T/$<br>$(MJ/m^2)$ | $\beta_{opt}/$<br>$(°)$ | $H_T/$<br>$(MJ/m^2)$ | $\beta_{opt}/$<br>$(°)$ | $H_T/$<br>$(MJ/m^2)$ |
| 全年 | 0 | 26 | 5001.62 | 28 | 5068.15 | 40.5 | 6931.69 | 40 | 6559.11 |
| | ±15 | 22 | 4968.75 | 25 | 5019.56 | 37.5 | 6793.54 | 38 | 6428.78 |
| | ±20 | 20 | 4941.58 | 23 | 4987.92 | 33.5 | 6700.36 | 34 | 6339.87 |
| | ±30 | 17 | 4883.69 | 19 | 4917.42 | 27.5 | 6487.59 | 28 | 6137.28 |

| 地区<br>使用时间 | $\gamma/(°)$ | 成都<br>$(\phi=30.67°)$ | | 昆明<br>$(\phi=25.01°)$ | | 广州<br>$(\phi=23.13°)$ | | 沈阳<br>$(\phi=41.77°)$ | |
|---|---|---|---|---|---|---|---|---|---|
| | | $\beta_{opt}/$<br>$(°)$ | $H_T/$<br>$(MJ/m^2)$ | $\beta_{opt}/$<br>$(°)$ | $H_T/$<br>$(MJ/m^2)$ | $\beta_{opt}/$<br>$(°)$ | $H_T/$<br>$(MJ/m^2)$ | $\beta_{opt}/$<br>$(°)$ | $H_T/$<br>$(MJ/m^2)$ |
| 春分到秋分 | 0 | 3.5 | 2501.58 | 2 | 2767.5 | 1 | 2498.9 | 18.5 | 3383.59 |
| | ±15 | 2.5 | 2501.42 | 2 | 767.3 | 1 | 2498.8 | 15 | 3364.13 |
| | ±20 | 2.5 | 2501.22 | 2 | 2767.4 | 1 | 2498.8 | 13 | 3353.53 |
| 秋分到第<br>二年春分 | 0 | 38.7 | 1146.72 | 46 | 3103 | 42 | 2379.4 | 65.5 | 2946.89 |
| | ±15 | 36.5 | 1435.39 | 43 | 3051.8 | 41 | 2351.1 | 63 | 2873.91 |
| | ±20 | 36 | 1425.76 | 42 | 3006.8 | 40 | 2327 | 62 | 2806.83 |
| 全年 | 0 | 16.5 | 3871.15 | 29 | 5634.02 | 24 | 4697.8 | 42 | 6004.25 |
| | ±15 | 14.5 | 3859.97 | 27 | 5577.8 | 22 | 4670 | 38 | 5873 |
| | ±20 | 14 | 3352.71 | 27 | 5536.8 | 20 | 4651.2 | 36 | 5783.45 |
| | ±30 | 10.5 | 3338.18 | 20 | 5446.3 | 16 | 4610.9 | 29 | 5579.8 |

附录3　热水用水定额

| 序号 | 建筑物名称 | | 单位 | 用水定额/L | | 使用时间/h |
|---|---|---|---|---|---|---|
| | | | | 最高日 | 平均日 | |
| 1 | 普通住宅 | 有热水器和沐浴设备 | 每人每日 | 40～80 | 20～60 | 24 |
| | | 有集中热水供应（或家用热水机组）和沐浴设备 | | 60～100 | 25～70 | |
| 2 | 别墅 | | 每人每日 | 70～110 | 30～80 | 24 |
| 3 | 酒店式公寓 | | 每人每日 | 80～100 | 65～80 | 24 |
| 4 | 宿舍 | 居室内设卫生间 | 每人每日 | 70～100 | 40～55 | 24或定时供应 |
| | | 设公用盥洗卫生间 | | 40～80 | 35～45 | |
| 5 | 招待所、培训中心、普通旅馆 | 设公用盥洗室 | 每人每日 | 25～40 | 20～30 | 24或定时供成 |
| | | 设公用盥洗室、淋浴室 | | 40～60 | 35～45 | |
| | | 设公用盥洗室、淋浴室、洗衣室 | | 50～80 | 45～55 | |
| | | 设单独卫生间、公用洗衣室 | | 60～100 | 50～70 | |

| 序号 | 建筑物名称 | | 单位 | 用水定额/L | | 使用时间/h |
| --- | --- | --- | --- | --- | --- | --- |
| | | | | 最高日 | 平均日 | |
| 6 | 宾馆客房 | 旅客 | 每床位每日 | 120～160 | 110～140 | 24 |
| | | 员工 | 每人每日 | 40～50 | 35～40 | 8～10 |
| 7 | 医院住院部 | 设公用盥洗室 | 每床位每日 | 60～100 | 40～70 | 24 |
| | | 设公用盥洗室、淋浴室 | | 70～130 | 65～90 | |
| | | 设单独卫生间 | | 110～200 | 110～140 | |
| | | 医务人员 | 每人每班 | 70～130 | 65～90 | 8 |
| | 门诊部、诊疗所 | 病人 | 每病人每次 | 7～13 | 3～5 | 8～12 |
| | | 医务人员 | 每人每班 | 40～60 | 30～50 | 8 |
| | | 疗养院、休养所住房部 | 每床每位 | 100～160 | 90～110 | 24 |
| 8 | 养老院、托老所 | 全托 | 每床位每日 | 50～70 | 45～55 | 24 |
| | | 日托 | | 25～40 | 15～20 | 10 |
| 9 | 幼儿园、托儿所 | 有住宿 | 每儿童每日 | 25～50 | 20～40 | 24 |
| | | 无住宿 | | 20～30 | 15～20 | 10 |
| 10 | 公共浴室 | 淋浴 | 每顾客每次 | 40～60 | 35～40 | 12 |
| | | 淋浴、浴盆 | | 60～80 | 55～70 | |
| | | 桑拿浴（淋浴、按摩池） | | 70～100 | 60～70 | |
| 11 | 理发室、美容院 | | 每顾客每次 | 20～45 | 20～35 | 12 |
| 12 | 洗衣房 | | 每公斤干衣 | 15～30 | 15～30 | 8 |
| 13 | 餐饮业 | 中餐酒楼 | 每顾客每次 | 15～20 | 8～12 | 10～12 |
| | | 快餐店、职工及学生食堂 | | 10～12 | 7～10 | 12～16 |
| | | 酒吧、咖啡厅、茶座、卡拉OK房 | | 3～8 | 3～5 | 8～18 |
| 14 | 办公楼 | 坐班制办公 | 每人每班 | 5～10 | 4～8 | 8～10 |
| | | 公寓式办公 | 每人每日 | 60～100 | 25～70 | 10～24 |
| | | 酒店式办公 | | 120～160 | 55～140 | 24 |
| 15 | 健身中心 | | 每人每次 | 15～25 | 10～20 | 8～12 |
| 16 | 体育场（馆） | 运动员淋浴 | 每人每次 | 17～26 | 15～20 | 4 |
| 17 | 会议厅 | | 每座位每次 | 2～3 | 2 | 4 |

注：1. 本表以60℃热水水温为计算温度。

2. 学生宿舍使用IC卡计费热水时，可按每人每日最高日用水定额25～30L、平均日用水定额20～25L。

3. 表中平均日用水定额仅用于计算太阳能热水系统集热器面积和计算节水用水量。

### 附录 4    不同地区冷水参考温度

单位：℃

| 区域 | 省、市、自治区、行政区 | | | 地面水 | 地下水 |
|---|---|---|---|---|---|
| 东北 | 黑龙江 | | | 4 | 6～10 |
| | 吉林 | | | | |
| | 辽宁 | 大部 | | | |
| | | 南部 | | | 10～15 |
| 华北 | 北京 | | | 4 | 10～15 |
| | 天津 | | | | |
| | 河北 | 北部 | | | 6～10 |
| | | 大部 | | | 10～15 |
| | 山西 | 北部 | | | 6～10 |
| | | 大部 | | | 10～15 |
| | 内蒙古 | | | | 6～10 |
| 西北 | 陕西 | 偏北 | | 4 | 6～10 |
| | | 大部 | | | 10～15 |
| | | 秦岭以南 | | 7 | 15～20 |
| | 甘肃 | 南部 | | 4 | 10～15 |
| | | 秦岭以南 | | 7 | 15～20 |
| | 青海 | 偏东 | | | 10～15 |
| | 宁夏 | 偏东 | | 4 | 6～10 |
| | | 南部 | | | 10～15 |
| | 新疆 | 北疆 | | 5 | 10～11 |
| | | 南疆 | | — | 12 |
| | | 乌鲁木齐 | | 8 | |
| 东南 | 山东 | | | 4 | 10～15 |
| | 上海 | | | 5 | 15～20 |
| | 浙江 | | | | |
| | 江苏 | 偏北 | | 4 | 10～15 |
| | | 大部 | | 5 | 15～20 |
| | 江西 | 大部 | | | |
| | 安徽 | 大部 | | | |
| | 福建 | 北部 | | | |
| | | 南部 | | | |
| | 台湾 | | | 10～15 | 20 |
| 中南 | 河南 | 北部 | | 4 | 10～15 |
| | | 南部 | | 5 | 15～20 |

附录5    中国部分省市光伏电站最佳安装倾角及发电量速查表

| 类别 | 城市 | 安装角度/(°) | 峰值日照时数/<br>(h/d) | 首年发电量/<br>(kW·h/W) | 年有效利用时间/<br>h |
|---|---|---|---|---|---|
| 直辖市 | 北京 | 35 | 4.21 | 1.214 | 1213.95 |
| | 上海 | 25 | 4.09 | 1.179 | 1179.35 |
| | 天津 | 35 | 4.57 | 1.318 | 1317.76 |
| | 重庆 | 8 | 2.38 | 0.686 | 686.27 |
| 黑龙江省 | 哈尔滨 | 40 | 4.3 | 1.268 | 1239.91 |
| | 齐齐哈尔 | 43 | 4.81 | 1.388 | 1386.96 |
| | 牡丹江 | 40 | 4.51 | 1.301 | 1300.46 |
| | 佳木斯 | 43 | 4.3 | 1.241 | 1239.91 |
| | 鸡西 | 41 | 4.53 | 1.308 | 1306.23 |
| | 鹤岗 | 43 | 4.41 | 1.272 | 1271.62 |
| | 双鸭山 | 43 | 4.41 | 1.272 | 1271.62 |
| | 黑河 | 46 | 4.9 | 1.415 | 1412.92 |
| | 大庆 | 41 | 4.61 | 1.331 | 1329.29 |
| | 大兴安岭-漠河 | 49 | 4.8 | 1.384 | 1384.08 |
| | 伊春 | 45 | 4.73 | 1.364 | 1363.9 |
| | 七台河 | 42 | 4.41 | 1.272 | 1271.62 |
| | 绥化 | 42 | 4.52 | 1.304 | 1303.34 |
| 吉林省 | 长春 | 41 | 4.74 | 1.367 | 1366.78 |
| | 延边-延吉 | 38 | 4.27 | 1.231 | 1231.25 |
| | 白城 | 42 | 4.74 | 1.369 | 1366.78 |
| | 松原-扶余 | 40 | 4.63 | 1.336 | 1335.06 |
| | 吉林 | 41 | 4.68 | 1.351 | 1349.48 |
| | 四平 | 40 | 4.66 | 1.344 | 1343.71 |
| | 辽源 | 40 | 4.7 | 1.355 | 1355.25 |
| | 通化 | 37 | 4.45 | 1.283 | 1283.16 |
| | 白山 | 37 | 4.31 | 1.244 | 1242.79 |
| 辽宁省 | 沈阳 | 36 | 4.38 | 1.264 | 1262.97 |
| | 朝阳 | 37 | 4.78 | 1.378 | 1378.31 |
| | 阜新 | 38 | 4.64 | 1.338 | 1337.94 |
| | 铁岭 | 37 | 4.4 | 1.269 | 1268.74 |
| | 抚顺 | 37 | 4.41 | 1.274 | 1271.62 |
| | 本溪 | 36 | 4.4 | 1.271 | 1268.74 |
| | 辽阳 | 36 | 4.41 | 1.272 | 1271.62 |
| | 鞍山 | 35 | 4.37 | 1.262 | 1260.09 |

| 类别 | 城市 | 安装角度/(°) | 峰值日照时数/<br>(h/d) | 首年发电量/<br>(kW·h/W) | 年有效利用时间/<br>h |
|---|---|---|---|---|---|
| 辽宁省 | 丹东 | 36 | 4.41 | 1.273 | 1271.62 |
| | 大连 | 32 | 4.3 | 1.241 | 1239.91 |
| | 营口 | 35 | 4.4 | 1.269 | 1268.74 |
| | 盘锦 | 36 | 4.36 | 1.258 | 1257.21 |
| | 锦州 | 37 | 4.7 | 1.358 | 1355.25 |
| | 葫芦岛 | 36 | 4.66 | 1.344 | 1343.71 |
| 河北省 | 石家庄 | 37 | 5.03 | 1.453 | 1450.4 |
| | 保定 | 32 | 4.1 | 1.182 | 1182.24 |
| | 承德 | 42 | 5.46 | 1.574 | 1574.39 |
| | 唐山 | 36 | 4.64 | 1.338 | 1337.94 |
| | 秦皇岛 | 38 | 5 | 1.442 | 1441.75 |
| | 邯郸 | 36 | 4.93 | 1.422 | 1421.57 |
| | 邢台 | 36 | 4.93 | 1.422 | 1421.57 |
| | 张家口 | 38 | 4.77 | 1.375 | 1375.43 |
| | 沧州 | 37 | 5.07 | 1.462 | 1461.93 |
| | 廊坊 | 40 | 5.17 | 1.491 | 1490.77 |
| | 衡水 | 36 | 5 | 1.442 | 1441.75 |
| 山西省 | 太原 | 33 | 4.65 | 1.341 | 1340.83 |
| | 大同 | 36 | 5.11 | 1.474 | 1473.47 |
| | 朔州 | 36 | 5.16 | 1.489 | 1487.89 |
| | 阳泉 | 33 | 4.67 | 1.348 | 1346.59 |
| | 长治 | 28 | 4.04 | 1.165 | 1164.93 |
| | 晋城 | 29 | 4.28 | 1.234 | 1234.14 |
| | 忻州 | 34 | 4.78 | 1.378 | 1378.31 |
| | 晋中 | 33 | 4.65 | 1.342 | 1340.83 |
| | 临汾 | 30 | 4.27 | 1.231 | 1231.25 |
| | 运城 | 26 | 4.13 | 1.193 | 1190.89 |
| | 吕梁 | 32 | 4.65 | 1.341 | 1340.83 |
| 内蒙古自治区 | 呼和浩特 | 35 | 4.68 | 1.349 | 1349.48 |
| | 包头 | 41 | 5.55 | 1.6 | 1600.34 |
| | 乌海 | 39 | 5.51 | 1.589 | 1588.81 |
| | 赤峰 | 41 | 5.35 | 1.543 | 1542.67 |
| | 通辽 | 44 | 5.44 | 1.569 | 1568.62 |
| | 呼伦贝尔 | 47 | 4.99 | 1.439 | 1438.87 |

续表

| 类别 | 城市 | 安装角度/(°) | 峰值日照时数/(h/d) | 首年发电量/(kW·h/W) | 年有效利用时间/h |
|---|---|---|---|---|---|
| 内蒙古自治区 | 兴安盟 | 46 | 5.2 | 1.499 | 1499.42 |
| | 鄂尔多斯 | 40 | 5.55 | 1.6 | 1600.34 |
| | 锡林郭勒 | 43 | 5.37 | 1.548 | 1548.44 |
| | 阿拉善 | 36 | 5.35 | 1.543 | 1542.67 |
| | 巴彦淖尔 | 41 | 5.48 | 1.58 | 1580.16 |
| | 乌兰察布 | 40 | 5.49 | 1.574 | 1583.04 |
| 河南省 | 郑州 | 29 | 4.23 | 1.22 | 1219.72 |
| | 开封 | 32 | 4.54 | 1.309 | 1309.11 |
| | 洛阳 | 31 | 4.56 | 1.315 | 1314.88 |
| | 焦作 | 33 | 4.68 | 1.349 | 1349.48 |
| | 平顶山 | 30 | 4.28 | 1.234 | 1234.14 |
| | 鹤壁 | 33 | 4.73 | 1.364 | 1363.9 |
| | 新乡 | 33 | 4.68 | 1.349 | 1349.48 |
| | 安阳 | 30 | 4.32 | 1.246 | 1245.67 |
| | 濮阳 | 33 | 4.68 | 1.349 | 1349.48 |
| | 商丘 | 31 | 4.56 | 1.315 | 1314.88 |
| | 许昌 | 30 | 4.4 | 1.269 | 1268.74 |
| | 漯河 | 29 | 4.16 | 1.2 | 1199.54 |
| | 信阳 | 27 | 4.13 | 1.191 | 1190.89 |
| | 三门峡 | 31 | 4.56 | 1.315 | 1314.88 |
| | 南阳 | 29 | 4.16 | 1.2 | 1199.54 |
| | 周口 | 29 | 4.16 | 1.2 | 1199.54 |
| | 驻马店 | 28 | 4.34 | 1.251 | 1251.44 |
| | 济源 | 28 | 4.1 | 1.182 | 1182.24 |
| 湖南省 | 长沙 | 20 | 3.18 | 0.917 | 916.95 |
| | 张家界 | 23 | 3.81 | 1.099 | 1098.61 |
| | 常德 | 20 | 3.38 | 0.975 | 974.62 |
| | 益阳 | 16 | 3.16 | 0.912 | 911.19 |
| | 岳阳 | 16 | 3.22 | 0.931 | 928.49 |
| | 株洲 | 19 | 3.46 | 0.998 | 997.69 |
| | 湘潭 | 16 | 3.23 | 0.933 | 931.37 |
| | 衡阳 | 18 | 3.39 | 0.978 | 977.51 |
| | 郴州 | 18 | 3.46 | 0.998 | 997.69 |
| | 永州 | 15 | 3.27 | 0.944 | 942.9 |

续表

| 类别 | 城市 | 安装角度/(°) | 峰值日照时数/(h/d) | 首年发电量/(kW·h/W) | 年有效利用时间/h |
|------|------|------------|-----------------|-------------------|----------------|
| 湖南省 | 邵阳 | 15 | 3.25 | 0.937 | 937.14 |
| | 怀化 | 15 | 2.96 | 0.853 | 853.52 |
| | 娄底 | 16 | 3.19 | 0.921 | 919.84 |
| | 湘西 | 15 | 2.83 | 0.817 | 816.03 |
| 湖北省 | 武汉 | 20 | 3.17 | 0.914 | 914.07 |
| | 十堰 | 26 | 3.87 | 1.116 | 1115.91 |
| | 襄阳 | 20 | 3.52 | 1.016 | 1014.99 |
| | 荆门 | 20 | 3.16 | 0.913 | 911.19 |
| | 孝感 | 20 | 3.51 | 1.012 | 1012.11 |
| | 黄石 | 25 | 3.89 | 1.122 | 1121.68 |
| | 咸宁 | 19 | 3.37 | 0.972 | 971.74 |
| | 荆州 | 23 | 3.75 | 1.081 | 1081.31 |
| | 宜昌 | 20 | 3.44 | 0.992 | 991.92 |
| | 随州 | 22 | 3.59 | 1.036 | 1035.18 |
| | 鄂州 | 21 | 3.66 | 1.057 | 1055.36 |
| | 黄冈 | 21 | 3.68 | 1.063 | 1061.13 |
| | 恩施 | 15 | 2.73 | 0.788 | 787.2 |
| | 仙桃 | 17 | 3.29 | 0.949 | 948.67 |
| | 天门 | 18 | 3.15 | 0.91 | 908.3 |
| | 神农架 | 21 | 3.23 | 0.934 | 931.37 |
| | 潜江 | 27 | 3.89 | 1.122 | 1121.68 |
| 四川省 | 成都 | 16 | 2.76 | 0.798 | 795.85 |
| | 广元 | 19 | 3.25 | 0.937 | 937.14 |
| | 绵阳 | 17 | 2.82 | 0.813 | 813.15 |
| | 德阳 | 17 | 2.79 | 0.805 | 804.5 |
| | 南充 | 14 | 2.81 | 0.81 | 810.26 |
| | 广安 | 13 | 2.77 | 0.8 | 798.73 |
| | 遂宁 | 11 | 2.8 | 0.808 | 807.38 |
| | 内江 | 11 | 2.59 | 0.747 | 746.83 |
| | 乐山 | 17 | 2.77 | 0.799 | 798.73 |
| | 自贡 | 13 | 2.62 | 0.756 | 755.48 |
| | 泸州 | 11 | 2.6 | 0.75 | 749.71 |
| | 宜宾 | 12 | 2.67 | 0.771 | 769.89 |
| | 攀枝花 | 27 | 5.01 | 1.445 | 1444.63 |

续表

| 类别 | 城市 | 安装角度/(°) | 峰值日照时数/(h/d) | 首年发电量/(kW·h/W) | 年有效利用时间/h |
|---|---|---|---|---|---|
| 四川省 | 巴中 | 17 | 2.94 | 0.849 | 847.75 |
| | 达州 | 14 | 2.82 | 0.814 | 813.15 |
| | 资阳 | 15 | 2.73 | 0.789 | 787.2 |
| | 眉山 | 16 | 2.72 | 0.786 | 784.31 |
| | 雅安 | 16 | 2.92 | 0.842 | 841.98 |
| | 甘孜 | 30 | 4.17 | 1.203 | 1202.42 |
| | 凉山-西昌 | 25 | 4.39 | 1.266 | 1265.86 |
| | 阿坝 | 35 | 5.28 | 1.523 | 1522.49 |
| 云南省 | 昆明 | 25 | 4.4 | 1.271 | 1268.74 |
| | 曲靖 | 25 | 4.24 | 1.224 | 1222.6 |
| | 玉溪 | 24 | 4.46 | 1.288 | 1286.04 |
| | 丽江 | 29 | 5.18 | 1.494 | 1493.65 |
| | 普洱 | 21 | 4.33 | 1.25 | 1248.56 |
| | 临沧 | 25 | 4.63 | 1.335 | 1335.06 |
| | 德宏 | 25 | 4.74 | 1.367 | 1366.78 |
| | 怒江 | 27 | 4.68 | 1.35 | 1349.48 |
| | 迪庆 | 28 | 5.01 | 1.446 | 1444.63 |
| | 楚雄 | 25 | 4.49 | 1.296 | 1294.69 |
| | 昭通 | 22 | 4.25 | 1.225 | 1225.49 |
| | 大理 | 27 | 4.91 | 1.416 | 1415.8 |
| | 红河 | 23 | 4.56 | 1.314 | 1314.88 |
| | 保山 | 29 | 4.66 | 1.344 | 1343.71 |
| | 文山 | 22 | 4.52 | 1.303 | 1303.34 |
| | 西双版纳 | 20 | 4.47 | 1.291 | 1288.92 |
| 贵州省 | 贵阳 | 15 | 2.95 | 0.852 | 850.63 |
| | 六盘水 | 22 | 3.84 | 1.107 | 1107.26 |
| | 遵义 | 13 | 2.79 | 0.805 | 804.5 |
| | 安顺 | 13 | 3.05 | 0.879 | 879.47 |
| | 毕节 | 21 | 3.76 | 1.086 | 1084.2 |
| | 黔西南 | 20 | 3.85 | 1.111 | 1110.15 |
| | 铜仁 | 15 | 2.9 | 0.836 | 836.22 |
| 西藏自治区 | 拉萨 | 28 | 6.4 | 1.845 | 1845.44 |
| | 阿里 | 32 | 6.59 | 1.9 | 1900.23 |
| | 昌都 | 32 | 5.18 | 1.494 | 1493.65 |

续表

| 类别 | 城市 | 安装角度/(°) | 峰值日照时数/(h/d) | 首年发电量/(kW·h/W) | 年有效利用时间/h |
|---|---|---|---|---|---|
| 西藏自治区 | 林芝 | 30 | 5.33 | 1.537 | 1536.91 |
| | 日喀则 | 32 | 6.61 | 1.906 | 1905.99 |
| | 山南 | 32 | 6.13 | 1.768 | 1767.59 |
| | 那曲 | 35 | 5.84 | 1.648 | 1683.96 |
| 新疆维吾尔自治区 | 乌鲁木齐 | 33 | 4.22 | 1.217 | 1216.84 |
| | 昌吉 | 33 | 4.22 | 1.217 | 1216.84 |
| | 克拉玛依 | 41 | 4.87 | 1.404 | 1404.26 |
| | 吐鲁番 | 42 | 5.55 | 1.6 | 1600.34 |
| | 哈密 | 40 | 5.33 | 1.537 | 1536.91 |
| | 石河子 | 38 | 5.12 | 1.478 | 1476.35 |
| | 伊犁 | 40 | 4.95 | 1.427 | 1427.33 |
| | 巴音郭楞 | 41 | 5.42 | 1.563 | 1562.86 |
| | 和田 | 35 | 5.59 | 1.612 | 1611.88 |
| | 阿勒泰 | 44 | 5.17 | 1.494 | 1490.77 |
| | 塔城 | 41 | 4.88 | 1.407 | 1407.15 |
| | 阿克苏 | 40 | 5.35 | 1.543 | 1542.67 |
| | 博尔塔拉 | 40 | 4.91 | 1.416 | 1415.8 |
| | 克孜勒苏 | 40 | 4.92 | 1.419 | 1418.68 |
| | 喀什 | 40 | 4.92 | 1.419 | 1418.68 |
| | 图木舒克 | 37 | 5 | 1.442 | 1441.75 |
| | 阿拉尔 | 38 | 4.92 | 1.419 | 1418.68 |
| | 五家渠 | 36 | 4.65 | 1.341 | 1340.83 |
| 陕西省 | 西安 | 26 | 3.57 | 1.029 | 1029.41 |
| | 宝鸡 | 30 | 4.28 | 1.234 | 1234.14 |
| | 咸阳 | 26 | 3.57 | 1.029 | 1029.41 |
| | 渭南 | 31 | 4.45 | 1.283 | 1283.16 |
| | 铜川 | 33 | 4.65 | 1.341 | 1340.83 |
| | 延安 | 35 | 4.99 | 1.439 | 1438.87 |
| | 榆林 | 38 | 5.4 | 1.557 | 1557.09 |
| | 汉中 | 29 | 4.06 | 1.171 | 1170.7 |
| | 安康 | 26 | 3.85 | 1.11 | 1110.15 |
| | 商洛 | 26 | 3.57 | 1.029 | 1029.41 |

续表

| 类别 | 城市 | 安装角度/(°) | 峰值日照时数/(h/d) | 首年发电量/(kW·h/W) | 年有效利用时间/h |
|---|---|---|---|---|---|
| 甘肃省 | 兰州 | 29 | 4.21 | 1.214 | 1213.95 |
| | 酒泉 | 41 | 5.54 | 1.597 | 1597.46 |
| | 嘉峪关 | 41 | 5.54 | 1.597 | 1597.46 |
| | 张掖 | 42 | 5.59 | 1.612 | 1611.88 |
| | 天水 | 32 | 4.51 | 1.3 | 1300.46 |
| | 白银 | 38 | 5.31 | 1.531 | 1531.14 |
| | 定西 | 38 | 5.2 | 1.499 | 1499.42 |
| | 甘南 | 32 | 4.51 | 1.3 | 1300.46 |
| | 金昌 | 39 | 5.6 | 1.615 | 1614.76 |
| | 临夏 | 38 | 5.2 | 1.499 | 1499.42 |
| | 陇南 | 28 | 4.51 | 1.3 | 1300.46 |
| | 平凉 | 34 | 4.76 | 1.373 | 1372.55 |
| | 庆阳 | 34 | 4.69 | 1.352 | 1352.36 |
| | 武威 | 40 | 5.17 | 1.491 | 1490.77 |
| 宁夏回族自治区 | 银川 | 36 | 5.06 | 1.459 | 1459.05 |
| | 石嘴山 | 39 | 5.54 | 1.597 | 1597.46 |
| | 固原 | 34 | 4.76 | 1.373 | 1372.55 |
| | 中卫 | 37 | 5.39 | 1.554 | 1554.21 |
| | 吴忠 | 38 | 5.3 | 1.528 | 1528.26 |
| 青海省 | 西宁 | 34 | 4.7 | 1.355 | 1355.25 |
| | 果洛-达日 | 36 | 5.19 | 1.497 | 1496.54 |
| | 海北-海晏 | 34 | 4.7 | 1.355 | 1355.25 |
| | 海东-平安 | 34 | 4.7 | 1.355 | 1355.25 |
| | 海南-共和 | 38 | 5.88 | 1.695 | 1695.5 |
| | 海西-格尔木 | 38 | 5.88 | 1.695 | 1695.5 |
| | 海西-德令哈 | 41 | 5.65 | 1.629 | 1629.18 |
| | 黄南-同仁 | 39 | 5.81 | 1.675 | 1675.31 |
| | 玉树 | 34 | 5.37 | 1.548 | 1548.44 |
| 广东省 | 广州 | 20 | 3.16 | 0.91 | 911.19 |
| | 清远 | 19 | 3.43 | 0.989 | 989.04 |
| | 韶关 | 18 | 3.67 | 1.06 | 1058.24 |
| | 河源 | 18 | 3.66 | 1.056 | 1055.36 |
| | 梅州 | 20 | 3.92 | 1.132 | 1130.33 |

| 类别 | 城市 | 安装角度/(°) | 峰值日照时数/<br>(h/d) | 首年发电量/<br>(kW·h/W) | 年有效利用时间/<br>h |
|---|---|---|---|---|---|
| 广东省 | 潮州 | 19 | 4 | 1.156 | 1153.4 |
| | 汕头 | 19 | 4.02 | 1.16 | 1159.17 |
| | 揭阳 | 18 | 3.97 | 1.147 | 1144.75 |
| | 汕尾 | 17 | 3.81 | 1.1 | 1098.61 |
| | 惠州 | 18 | 3.74 | 1.079 | 1078.43 |
| | 东莞 | 17 | 3.52 | 1.017 | 1014.99 |
| | 深圳 | 17 | 3.78 | 1.089 | 1089.96 |
| | 珠海 | 17 | 4 | 1.153 | 1153.4 |
| | 中山 | 17 | 3.88 | 1.118 | 1118.8 |
| | 江门 | 17 | 3.76 | 1.084 | 1084.2 |
| | 佛山 | 18 | 3.43 | 0.99 | 989.04 |
| | 肇庆 | 18 | 3.48 | 1.003 | 1003.46 |
| | 云浮 | 17 | 3.53 | 1.018 | 1017.88 |
| | 阳江 | 16 | 3.9 | 1.127 | 1124.57 |
| | 茂名 | 16 | 3.84 | 1.108 | 1107.26 |
| | 湛江 | 14 | 3.9 | 1.125 | 1124.57 |
| 广西壮族自治区 | 南宁 | 14 | 3.62 | 1.044 | 1043.83 |
| | 桂林 | 17 | 3.35 | 0.967 | 965.97 |
| | 百色 | 15 | 3.79 | 1.094 | 1092.85 |
| | 玉林 | 16 | 3.74 | 1.079 | 1078.43 |
| | 钦州 | 14 | 3.67 | 1.059 | 1058.24 |
| | 北海 | 14 | 3.76 | 1.085 | 1084.2 |
| | 梧州 | 16 | 3.63 | 1.046 | 1046.71 |
| | 柳州 | 16 | 3.46 | 0.998 | 997.69 |
| | 河池 | 14 | 3.46 | 0.998 | 997.69 |
| | 防城港 | 14 | 3.67 | 1.059 | 1058.24 |
| | 贺州 | 17 | 3.54 | 1.02 | 1020.76 |
| | 来宾 | 14 | 3.55 | 1.024 | 1023.64 |
| | 崇左 | 14 | 3.74 | 1.078 | 1078.43 |
| | 贵港 | 15 | 3.61 | 1.042 | 1040.94 |
| 海南省 | 海口 | 10 | 4.33 | 1.25 | 1248.56 |
| | 三亚 | 15 | 4.75 | 1.371 | 1369.66 |
| | 琼海 | 12 | 4.71 | 1.358 | 1358.13 |

| 类别 | 城市 | 安装角度/(°) | 峰值日照时数/(h/d) | 首年发电量/(kW·h/W) | 年有效利用时间/h |
|---|---|---|---|---|---|
| 海南省 | 白沙 | 15 | 4.76 | 1.374 | 1372.55 |
| | 保亭 | 15 | 4.74 | 1.368 | 1366.78 |
| | 昌江 | 13 | 4.55 | 1.314 | 1311.99 |
| | 澄迈 | 13 | 4.55 | 1.313 | 1311.99 |
| | 儋州 | 13 | 4.48 | 1.294 | 1291.81 |
| | 定安 | 10 | 4.32 | 1.246 | 1245.67 |
| | 东方 | 14 | 4.84 | 1.396 | 1395.61 |
| | 乐东 | 16 | 4.77 | 1.376 | 1375.43 |
| | 临高 | 12 | 4.51 | 1.302 | 1300.46 |
| | 陵水 | 15 | 4.74 | 1.366 | 1366.78 |
| | 琼中 | 13 | 4.72 | 1.362 | 1361.01 |
| | 屯昌 | 13 | 4.68 | 1.351 | 1349.48 |
| | 万宁 | 13 | 4.67 | 1.346 | 1346.59 |
| | 文昌 | 10 | 4.28 | 1.223 | 1334.14 |
| | 五指山 | 15 | 4.8 | 1.387 | 1384.08 |
| 江苏省 | 南京 | 23 | 3.71 | 1.07 | 1069.78 |
| | 徐州 | 25 | 3.95 | 1.139 | 1138.98 |
| | 连云港 | 26 | 4.13 | 1.19 | 1190.89 |
| | 盐城 | 25 | 3.98 | 1.147 | 1147.63 |
| | 泰州 | 23 | 3.8 | 1.097 | 1095.73 |
| | 镇江 | 23 | 3.68 | 1.062 | 1061.13 |
| | 南通 | 23 | 3.92 | 1.13 | 1130.33 |
| | 常州 | 23 | 3.73 | 1.076 | 1075.55 |
| | 无锡 | 23 | 3.71 | 1.07 | 1069.78 |
| | 苏州 | 22 | 3.68 | 1.062 | 1061.13 |
| | 淮安 | 25 | 3.98 | 1.148 | 1147.63 |
| | 宿迁 | 25 | 3.96 | 1.141 | 1141.87 |
| | 扬州 | 22 | 3.69 | 1.065 | 1064.01 |
| 浙江省 | 杭州 | 20 | 3.42 | 0.988 | 986.16 |
| | 绍兴 | 20 | 3.56 | 1.028 | 1026.53 |
| | 宁波 | 20 | 3.67 | 1.057 | 1058.24 |
| | 湖州 | 20 | 3.7 | 1.067 | 1066.9 |
| | 嘉兴 | 20 | 3.66 | 1.057 | 1055.36 |

续表

| 类别 | 城市 | 安装角度/(°) | 峰值日照时数/(h/d) | 首年发电量/(kW·h/W) | 年有效利用时间/h |
|---|---|---|---|---|---|
| 浙江省 | 金华 | 20 | 3.63 | 1.047 | 1046.71 |
| | 丽水 | 20 | 3.77 | 1.089 | 1087.08 |
| | 温州 | 18 | 3.77 | 1.088 | 1087.08 |
| | 台州 | 23 | 3.8 | 1.098 | 1095.73 |
| | 舟山 | 20 | 3.76 | 1.085 | 1084.2 |
| | 衢州 | 20 | 3.69 | 1.064 | 1064.01 |
| 福建省 | 福州 | 17 | 3.54 | 1.021 | 1020.76 |
| | 莆田 | 16 | 3.59 | 1.035 | 1035.18 |
| | 南平 | 18 | 4.17 | 1.204 | 1202.42 |
| | 厦门 | 17 | 3.89 | 1.121 | 1121.68 |
| | 泉州 | 17 | 3.92 | 1.131 | 1130.33 |
| | 漳州 | 18 | 3.87 | 1.116 | 1115.91 |
| | 三明 | 18 | 3.92 | 1.132 | 1130.33 |
| | 龙岩 | 20 | 3.92 | 1.13 | 1130.33 |
| | 宁德 | 18 | 3.62 | 1.045 | 1043.83 |
| 山东省 | 济南 | 32 | 4.27 | 1.231 | 1231.25 |
| | 青岛 | 30 | 3.38 | 0.975 | 974.62 |
| | 淄博 | 35 | 4.9 | 1.413 | 1412.92 |
| | 东营 | 36 | 4.98 | 1.436 | 1435.98 |
| | 潍坊 | 35 | 4.9 | 1.413 | 1412.92 |
| | 烟台 | 35 | 4.94 | 1.424 | 1424.45 |
| | 枣庄 | 32 | 4.11 | 1.349 | 1185.12 |
| | 威海 | 33 | 4.94 | 1.424 | 1424.45 |
| | 济宁 | 32 | 4.72 | 1.361 | 1361.01 |
| | 泰安 | 36 | 4.93 | 1.422 | 1421.57 |
| | 日照 | 33 | 4.7 | 1.355 | 1355.25 |
| | 莱芜 | 34 | 4.88 | 1.407 | 1407.15 |
| | 临沂 | 33 | 4.77 | 1.375 | 1375.43 |
| | 德州 | 35 | 5 | 1.442 | 1441.75 |
| | 聊城 | 36 | 4.93 | 1.422 | 1421.57 |
| | 滨州 | 37 | 5.03 | 1.45 | 1450.4 |
| | 菏泽 | 32 | 4.72 | 1.361 | 1361.01 |

| 类别 | 城市 | 安装角度/(°) | 峰值日照时数/<br>(h/d) | 首年发电量/<br>(kW·h/W) | 年有效利用时间/<br>h |
|---|---|---|---|---|---|
| 江西省 | 南昌 | 16 | 3.59 | 1.036 | 1035.18 |
|  | 九江 | 20 | 3.56 | 1.026 | 1026.53 |
|  | 景德镇 | 20 | 3.63 | 1.047 | 1046.71 |
|  | 上饶 | 20 | 3.76 | 1.084 | 1084.2 |
|  | 鹰潭 | 17 | 3.68 | 1.062 | 1061.13 |
|  | 宜春 | 15 | 3.37 | 0.973 | 971.74 |
|  | 萍乡 | 15 | 3.33 | 0.962 | 960.21 |
|  | 赣州 | 16 | 3.67 | 1.059 | 1058.24 |
|  | 吉安 | 16 | 3.59 | 1.037 | 1035.18 |
|  | 抚州 | 16 | 3.64 | 1.049 | 1049.59 |
|  | 新余 | 15 | 3.55 | 1.025 | 1023.64 |
| 安徽省 | 合肥 | 27 | 3.69 | 1.064 | 1064.01 |
|  | 芜湖 | 26 | 4.03 | 1.162 | 1162.05 |
|  | 黄山 | 25 | 3.84 | 1.107 | 1107.26 |
|  | 安庆 | 25 | 3.91 | 1.127 | 1127.45 |
|  | 蚌埠 | 25 | 3.92 | 1.13 | 1130.33 |
|  | 亳州 | 23 | 3.86 | 1.115 | 1113.03 |
|  | 池州 | 22 | 3.64 | 1.048 | 1049.59 |
|  | 滁州 | 23 | 3.66 | 1.056 | 1055.36 |
|  | 阜阳 | 28 | 4.21 | 1.214 | 1213.95 |
|  | 淮北 | 30 | 4.49 | 1.295 | 1294.69 |
|  | 六安 | 23 | 3.69 | 1.065 | 1064.01 |
|  | 马鞍山 | 22 | 3.68 | 1.061 | 1061.13 |
|  | 宿州 | 30 | 4.47 | 1.289 | 1288.92 |
|  | 铜陵 | 22 | 3.65 | 1.054 | 1052.48 |
|  | 宣城 | 23 | 3.65 | 1.052 | 1052.48 |
|  | 淮南 | 28 | 4.24 | 1.223 | 1222.6 |

# 参考文献

［1］张鹤飞. 太阳能热利用原理与计算机模拟［M］. 西安：西北工业大学出版社，2004.

［2］邵理堂，刘学东，孟春站. 太阳能热利用技术［M］. 镇江：江苏大学出版社，2014.

［3］郑瑞澄. 太阳能利用技术［M］. 北京：中国电力出版社，2018.

［4］孙如军，卫江红. 太阳能热利用技术［M］. 北京：冶金工业出版社，2019.

［5］邓长生. 太阳能原理与应用［M］. 北京：化学工业出版社，2010.

［6］伊松林，张璧光，何正斌. 太阳能干燥技术及应用［M］. 北京：化学工业出版社，2021.

［7］STOFFEL T，RENNE D，MYERS D，等. 太阳能资源数据采集与应用最佳实践手册［M］. 申彦波，张悦，胡玥明，等，译. 北京：气象出版社，2020.

［8］DUFFIE J A，BECKMAN W A. Solar Engineering of Thermal Processes［M］. New York：A wiley-interscience，2006.

［9］代彦军，葛天舒. 太阳能热利用原理与技术［M］. 上海：上海交通大学出版社，2018.

［10］赵文智，颜凯，盛国刚. 太阳能热水系统工程设计及案例［M］. 北京：中国电力出版社，2017：8-32.

［11］高从堦，陈国华. 海水淡化技术与工程手册［M］. 北京：化学工业出版社，2004.

［12］郑宏飞. 太阳能海水淡化原理与技术［M］. 北京：化学工业出版社，2012.

［13］郑宏飞，何开岩，陈子乾. 太阳能海水淡化技术［M］. 北京：北京理工大学出版社，2005.

［14］张仁元. 相变材料与相变储能技术［M］. 北京：科学出版社，2009.

［15］罗运俊. 太阳能利用技术［M］. 北京：化学工业出版社，2013.

［16］黄志高，林应斌，李传常. 储能原理与技术［M］. 北京：中国水利水电出版社，2020.

［17］刘灿，刘静. 生物质能源［M］. 北京：电子工业出版社，2016.

［18］BP中国. 世界能源统计年鉴 2021 版［R/OL］.（2021-07-08）［2022-01-28］. https：//www. bp. com/zh_cn/china/home/news/reports/statistical-review-2021. html.

［19］中国气象局风能太阳能资源中心. 2020 年中国风能太阳能资源年景公报［R］. 北京：中国电子信息产业发展研究院，2021.

［20］中国国家标准化管理委员会. 太阳能资源等级-总辐射［M］. 北京：中国标准出版社，2014.

［21］中国太阳能热利用专委会. 2021 年度中国太阳能热利用行业发展报告［R/OL］.（2022-3-1）［2022-3-6］. https：//www. cstif. com. cn/newsinfo/2472232. html.

［22］SHUKLA R，SUMATHY K，ERICKSON P，et al. Recent advances in the solar water heating systems：A review［J］. Renewable and Sustainable Energy Reviews，2013，19(01)：173-190.

［23］OECD/IEA. The future of cooling：opportunities for energy efficient air conditioning［EB/OL］.（2018-05-15）［2022-3-14］. http：//www. indiaenvironmentportal. org. in//content/455160/the-future-of-cooling-opportunities-for-energy-efficient-air-conditioning/.

［24］陈杰，毕月虹，刘肖，等. 太阳能吸收式制冷技术发展现状及展望［J］. 制冷与空调，2015，15(06)：59-68.

［25］ZHOU L，LI X，ZHAO Y，et al. Performance assessment of a single/double hybrid effect absorption cooling system driven by linear Fresnel solar collectors with latent thermal storage［J］. Solar Energy，2017，151：82-94.

［26］IBRAHIM N I，AL-SULAIMAN F A，SAAT A，et al. Charging and discharging characteristics of absorption energy storage integrated with a solar driven double-effect absorption chiller for air conditioning applications［J］. Journal of Energy Storage，2020，29：101374.

［27］LI Z，JING Y，LIU J. Thermodynamic study of a novel solar $LiBr/H_2O$ absorption chiller［J］. Energy and Buildings，2016，133：565-576.

［28］LI Z，LIU L. Economic and environmental study of solar absorption-subcooled compression hybrid cooling system［J］. International Journal of Sustainable Energy，2019，38(2)：123-140.

［29］LAZZARIN R，王云鹏，张晓宁，等. 太阳能制冷的应用现状［J］. 制冷技术，2021，41(02)：1-10.

［30］国家统计局农村社会经济调查司. 中国农村统计年鉴. 2020［M］. 中国统计出版社，2020.

［31］孙峰. 太阳能热利用技术分析与前景展望［J］. 太阳能，2021(07)：23-36.

［32］高翔. 简析太阳能在中国清洁能源中的前景［J］. 低碳世界，2021，11(05)：6-7.

［33］上官小英，常海青，梅华强. 太阳能发电技术及其发展趋势与展望［J］. 能源与节能，2019(03)：60-63.

［34］李建鹏. 太阳光室内照明系统的设计［D］. 济南：山东大学，2011.

［35］许云飞. 导光管采光系统在甘肃天水站大空间照明中的应用［J］. 照明工程学报，2019，30（06）：121-125.

［36］HAN H J，JEON R I，LIM R H，et al. New developments in illumination，heating and cooling technologies for energy-efficient buildings［J］. Energy，2010，35（06）：2647-2653.

［37］RAZZAK S A，ALI S A M，HOSSAIN M M，et al. Biological $CO_2$ fixation with production of microalgae in wastewater - A review［J］. Renewable & Sustainable Energy Reviews，2017，76（SEP. ）：379-390.

［38］CHEN X. Analysis of The Current Cituation of Solar Radiation Measurement［J］. Instrumentation，2017，v. 4（01）：34-38.

［39］仇秋玲. 一种槽式太阳能聚光集热器的热性能实验研究［D］. 南京：东南大学，2016.

［40］宋佳. 碟式聚光太阳能集热器的性能分析及试验装置设计［D］. 武汉：华中科技大学，2012.

［41］CARLSSON B，PERSSON H，MEIR M，John Rekstad. A total cost perspective on use of polymeric materials in solar collectors-Importance of environmental performance on suitability［J］. Applied Energy，2014（125）：10-20.

［42］张晓东. 复合抛物面型集热器性能研究［D］. 西安：西北工业大学，2006.

［43］RODRLGUEZ M S，GALVEZ J B，MALDONADO M I，et al. Engineering of Solar Photocatalytic Collectors［J］. Solar Energy，2004（05）：513-524.

［44］苏中元，顾晟彦，王军，等. 复合抛物面集热器光学模拟［J］. 太阳能学报，2017，38（09）：2448-2453.

［45］钟林志，孙志新，许巧玲，等. 不同方位角上太阳能集热器最佳倾角的确定［J］. 福州大学学报：自然科学版，2015（1）：7.

［46］何世钧，张雨，周文君. 太阳能热水系统集热器最佳倾角的确定［J］. 太阳能学报，2012，33（06）：6.

［47］中华人民共和国国家质量监督检验检疫总局，中国国家标准化管理委员会. 太阳热水系统性能评定规范：GB/T 20095—2006［S］. 北京：中国标准出版社，2006.

［48］中华人民共和国国家质量监督检验检疫总局，中国国家标准化管理委员会. 建筑给水排水设计标准：GB 50015-2019［S］. 北京：中国标准出版社，2019.

［49］ALI M T，FATH H E S，ARMSTRONG P R. A comprehensive techno-economical review of indirect solar desalination［J］. Renewable and Sustainable Energy Reviews，2011，15（08）：4187-4199.

［50］TARAZONA-ROMERO B E，CAMPOS-CELADOR A，MALDONADO-MUNOZ Y A. Can solar desalination be small and beautiful A critical review of existing technology under the appropriate technology paradigm［J］. Energy Research and Social Science，2022，88：102510.

［51］ZHANG R，LIU C，LI N，et al. Janus-Type Hybrid Metamaterial with Reversible Solar-Generated Heat Storage and Release for High-Efficiency Solar Desalination of Seawater［J］. Industrial & Engineering Chemistry Research，2020，59（41）：18520-18528.

［52］GONG B，YANG H，WU S，et al. Phase change material enhanced sustained and energy-efficient solar-thermal water desalination［J］. Applied Energy，2021，301：117463.

［53］AL-HARAHSHEH M，ABU-ARABI M，MOUSA H，et al. Solar desalination using solar still enhanced by external solar collector and PCM［J］. Applied Thermal Engineering，2018，128：1030-1040.

［54］ANAND B，SHANKAR R，MURUGAVELH S，et al. A review on solar photovoltaic thermal integrated desalination technologies［J］. Renewable and Sustainable Energy Reviews，2021，141：110787.

［55］ZHANG L X，CHEN W B，ZHANG H F. Study on variation laws of parameters in air bubbling humidification process［J］. Desalination & Water Treatment Science & Engineering，2013，51（16-18）：3145-3152.

［56］KARIMI L，ABKAR L，AGHAJANI M，et al. Technical feasibility comparison of off-grid PV-EDR and PV-RO desalination systems via their energy consumption［J］. Separation and Purification Technology，2015，151：82-94.

［57］ABDELGAIED M，KABEEL A E，KANDEAL A W，et al. Performance assessment of solar PV-driven hybrid HDH-RO desalination system integrated with energy recovery units and solar collectors：Theoretical approach［J］. Energy Conversion and Management，2021，239：114215.

［58］KUMAR R，SHUKLA A K，SHARMA M，et al. Thermodynamic investigation of water generating system through HDH desalination and RO powered by organic Rankine cycle［J］. Materials Today：Proceedings，2021，46：5256-5261.

［59］高从堦，周勇，刘立芬. 反渗透海水淡化技术现状和展望［J］. 海洋技术学报，2016，35（01）：1-14.

［60］SHARON H，REDDY K S. A review of solar energy driven desalination technologies[J]. Renewable and Sustainable Energy Reviews. 2015，41：1080-1118.

［61］吴声豪. 石墨烯纳米结构的光热转换机理与界面能质传输特性及太阳能热局域化应用[D]. 杭州：浙江大学，2021.

［62］HOGAN N J，URBAN A S，AYALA-OROZCO C，et al. Nanoparticles Heat through Light Localization [J]. Nano Letters，2014，14：4640-4645.

［63］WANG Z，LIU Y，Tao P，et al. Bio-Inspired Evaporation through Plasmonic Film of Nanoparticles at the Air-Water Interface [J]. Small，2014，10：3234-3239.

［64］GHASEMI H，Ni G，MARCONNET A M，et al. Solar Steam Generation by Heat Localization [J]. Nature Communications，2014，5：4449.

［65］ARUNKUMAR T，LIM H W，DENKENBERGER D，et al. A review on carbonized natural green flora for solar desalination[J]. Renewable and Sustainable Energy Reviews，2022，158：112121.

［66］BIAN Y，DU Q，TANG K，et al. Carbonized bamboos as excellent 3D solar vapor-generation devices[J]. Advanced Materials Technologies，2019，4(04)：1800593.

［67］SUN Y，ZHAO Z，ZHAO G，et al. High performance carbonized corncob-based 3D solar vapor steam generator enhanced by environmental energy[J]. Carbon，2021，179：337-347.

［68］王秋实，郑宏飞，祝子夜，等. 漂浮式太阳能海水淡化膜单元结构研究[J]. 工程热物理学报，2017，38(11)：2307-2312.

［69］戴巧利，左然，李平，等. 主动式太阳能集热/土壤蓄热塑料大棚增温系统及效果[J]. 农业工程学报，2009(07)：164-168.

［70］NAYAK S，TIWARI G N. Energy and exergy analysis of photovoltaic/thermal integrated with a solar greenhouse[J]. Energy and buildings，2008，40(11)：2015-2021.

［71］刘立功，赵连法，刘超，等. 光伏太阳能温室的特点及应用前景[J]. 中国蔬菜，2013(15)：1-4.

［72］郑丽芳. 光伏太阳能板在温室屋面的使用前景[J]. 农业开发与装备，2014(07)：52-53.

［73］戴松元. 太阳能转换原理与技术[M]. 北京：中国水利水电出版社，2018.

［74］杨健茂，胡向华，田启威，等. 量子点敏化太阳能电池研究进展[J]. 材料导报，2011，25(23)：1-4.

［75］张玮皓，彭晓晨，冯晓东. 钙钛矿太阳能电池的研究进展[J]. 电子元件与材料，2014，33(08)：7-11.

［76］张业国. 聚合物太阳能电池的发展及现状[J]. 电子世界，2020(08)：33-35.

［77］温杰. "西风"太阳能无人机的改进与发展[J]. 国际航空，2017(10)：22-24.

［78］甘文彪，周洲，许晓平. 仿生全翼式太阳能无人机分层协同设计及分析[J]. 航空学报，2016，37(01)：163-178.

［79］朱立宏，孙国瑞，呼文韬，等. 太阳能无人机能源系统的关键技术与发展趋势[J]. 航空学，2020，41(03)：80-91.

［80］成珂，王忠伟，周洲. 太阳能飞机工作条件对太阳能电池性能的影响[J]. 西北工业大学学报，2012，30(04)：535-540.

［81］仲元昌，魏莹莹，姚博文，等. 空间太阳能电站的发展及关键技术综述[J]. 电源技术，2019，43(06)：1063-1066.

［82］肖刚. 太阳能[M]. 北京：中国电力出版社，2019.

［83］金栋，王雨声. 简析光导照明系统的应用及其效益[J]. 建筑电气，2018，37(05)：121-124.

［84］李昭，李宝让，陈豪志，等. 相变储热技术研究进展[J]. 化工进展，2020，39(12)：5066-5085.

［85］宋志昊，张昆华，闻明，等. 相变存储材料的研究现状及未来发展趋势[J]. 材料导报，2020，34(21)：21099-21104.

［86］杨兆晟，张群力，吴文婧，等. 中温相变蓄热系统强化传热方法研究进展[J]. 化工进展，2019，38(10)：4389-4402.

［87］MAHDI J M，LOHRASBI S，NSOFOR E C. Hybrid heat transfer enhancement for latent-heat thermalenergy storage systems：A review[J]. International Journal of Heat and Mass Transfer，2019，137：630-649.

［88］AL-MAGHALSEH M，MAHKAMOV K. Methods of heat transfer intensification in PCM thermal storage systems：Review paper[J]. Renewable and Sustainable Energy Reviews，2018，92：62-94.

［89］张贺磊，方贤德，赵颖杰. 相变储热材料及技术的研究进展[J]. 材料导报，2014，28(13)：26-32.

［90］蔡昕辰，刘志彬，张云，等. 相变材料在道路工程中的应用研究进展[J]. 功能材料，2021，52(12)：12013-12021.

［91］袁修干. 相变储热技术的数值仿真及应用[M]. 北京：国防工业出版社，2013.

［92］宫殿清. 基于Al-Si-Cu-Mg-Zn合金的高温相变储热材料制备与储热性能研究[D]. 武汉：武汉理工大学，2008.

［93］吴韶飞. 中低温复合相变材料及系统储/放热性能研究[D]. 上海：上海电力大学，2020.

［94］NAZIR H，BATOOL M，OSORIO F，et al. Recent developments in phase change materials for energy storage applications：A review［J］. International Journal of Heat and Mass Transfer，2019，129(FEB. )：491-523.

［95］周治州，龙清为. 相变蓄热材料在节能建筑领域的应用与研究进展［J］. 化工设计通讯，2021，47(11)：40-41.

［96］杨兆晟. 低温梯级相变蓄热器传热特性及优化研究［D］. 北京：北京建筑大学，2020.

［97］高敏杰，胡炜，李方正，等. 能源安全视角下的储能技术创新［J］. 中国能源，2021，43(08)：77-83.

［98］张兵，武卫东，常海洲. 相变蓄热材料在节能建筑领域的应用与研究进展［J］. 化工新型材料，2019，47(09)：54-57.

［99］张寅平，胡汉平，孔祥东，等. 相变储能-理论和应用［M］. 北京：中国科学技术大学出版社，2005.

［100］张玲，陈寿，孙耀明，等. FGO-WPUPA 光固化阻隔涂料的制备及其对 PLA 薄膜阻氧性能的影响［J］. 中国塑料，2017，31(08)：35-40.

［101］HSU S Y. Modeling of heat transfer in intumescent fire-retardant coating under high radiant heat source and parametric study on coating thermal response［J］. Journal of HeatTransfer，2017，140(03)：032701-032711.

［102］李润达. 塔式太阳能热发电中熔盐储能材料的筛选［J］. 电工材料，2022(01)：45-48.

［103］魏小兰，谢佩，张雪钏，等. 氯化物熔盐材料的制备及其热物理性质研究［J］. 化工学报，2020，71(05)：2423-2431.

［104］涂航，张航，刘丽辉，等. 相变混凝土墙体的传热性能研究［J］. 储能科学与技术，2021，10(01)：287-294.

［105］肖栋天. 用于降低空调负荷的相变储能混凝土墙体制备［C］//中国土木工程学会. 2016 年学术年会论文集. 2016：434-444.

［106］SHUKLA S K，CHAUHAN V K，RATHORE P. A comprehensive review of direct solar desalination techniques and its advancements［J］. Journal of Cleaner Production，2021，2：124719.

［107］姜竹，邹博杨，丛琳，等. 储热技术研究进展与展望［J/OL］. 储能科学与技术，2021，1-26［2022-05-10］.